東京大学の先生伝授

文系のための めっちゃやさしい 三角関数

監修 山本昌宏
東京大学大学院教授

はじめに

三角関数の元となった考え方は，およそ4000年前までさかのぼるといわれています。古代エジプトでナイル川の季節的な氾濫の後での土地の測量をはじめとして，古代における星の観測など，生活に密接に結びついた必要性から，三角関数の元となるアイデアが生まれてきました。そして，星の運行を解明する天文学の基礎として宇宙論を支えてきました。三角関数の考え方は，もともとは，三角形という図形に結びついた「三角比」として理解されてきました。しかし18世紀には，三角関数として三角形の辺の比ということに束縛されることなく理解されるようになり，振動・波動現象の解明に必須のものとなりました。**そして19世紀には，電磁気などの波動現象を記述するための言葉となり，いまやインターネットなどの我々の日々の生活の基盤となりました。**

ここでたどった三角関数の歴史からもわかるように，**今，われわれが見ている三角関数は，人類4000年の知的営みが集積され，数学の歴史やテクノロジーの進歩とも結びついたものといえるでしょう。**限られた時間でそのエッセンスを学ぶことは簡単ではなく，高校や大学のカリキュラムでも駆け足にならざるをえなくなり，敬遠されてしまうことが多いのです。

この本では，その誕生以来の図形的な理解からはじめて，最先端のテクノロジーを支える三角関数の基礎をやさしく理解できるように，ニュートンプレスの編集スタッフらによって，ていねいに説明しています。このシリーズの微分積分についての巻と併せてお読みいただけると，その応用も含めて理解が一層深まると思います。

監修

東京大学 大学院数理科学研究科教授

山本　昌宏

目次

1時間目　スマホも地震も三角関数

STEP 1

三角形はこんなにすごい!

STEP 2
直角三角形で成り立つ「ピタゴラスの定理」

2時間目 三角関数の基本をマスター

STEP 1

サインって何?

STEP 2

コサインって何?

STEP 3

タンジェントって何?

STEP 1

サイン，コサイン，タンジェントの絆

STEP 2

コサインが主役の余弦定理

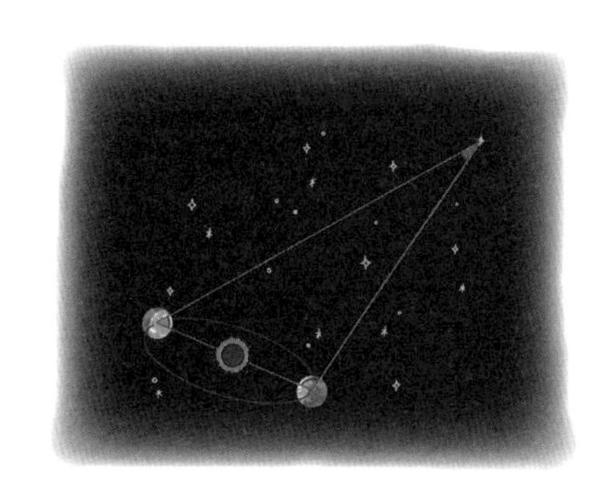

STEP 3

サインが主役の正弦定理

STEP 4

加法定理でいろんな角度の値を知る

4時間目 三角形から波へ

STEP 1

三角関数を円で考える

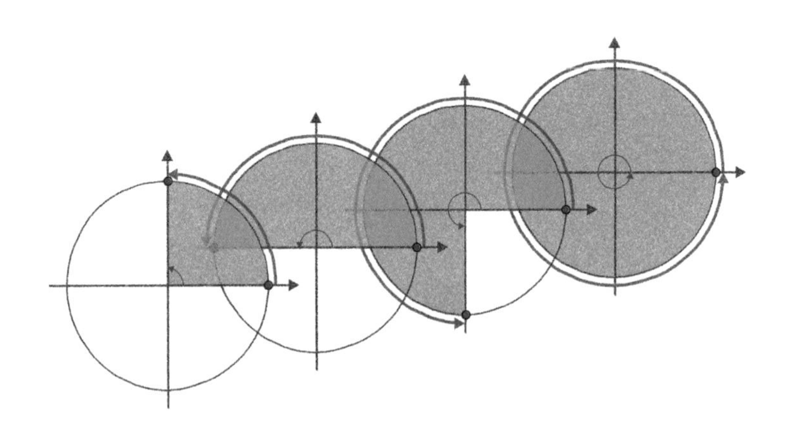

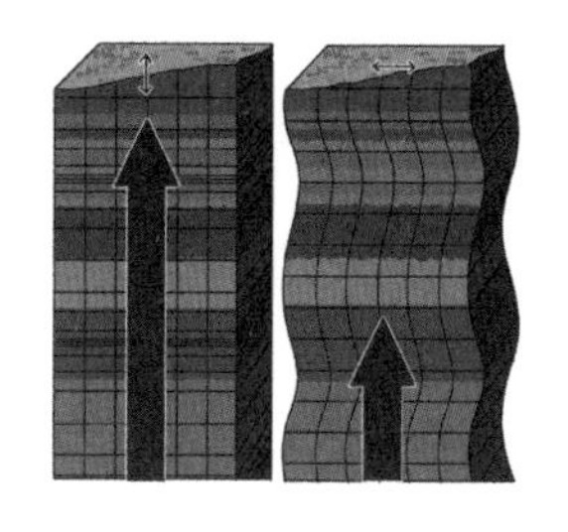

STEP 2

サインとコサインがえがく波

STEP 3

三角関数を使って波を分析

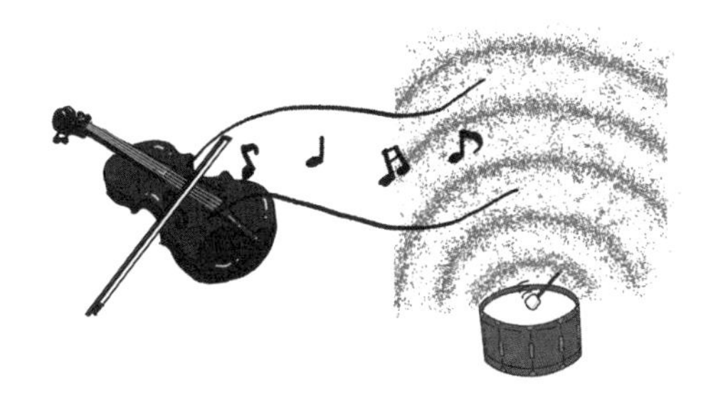

とうじょうじんぶつ

山本昌宏 先生

東京大学で数学を
教えている先生

数学アレルギーの
さえない文系サラリーマン（27才）

1

時間目

スマホも地震も
三角関数

STEP 1

三角形はこんなにすごい！

三角関数は，ごく身近な問題を解くために誕生し，現代では社会のあらゆるところで活躍しています。ここでは，そんな三角関数の考え方のベースとなる，三角形の話からはじめましょう。

とっても身近な三角関数

先生，こんにちは。今日は**三角関数**について知りたくてやってきました。
高校生の時に授業で習ったはずなんですが，**サイン・コサイン・タンジェント**のような呪文が出てきたことしか覚えていません。あまりに意味がわからなくて，授業中は**お休みなサイン**って感じでした。
でも理系の友人に，「三角関数がなければ**地震**について研究することもできないし，**スマホ**も存在しなかったんだよ」って言われて。先生，これって本当なんですか？

こんにちは。高校の三角関数の授業では，いろんな公式が出てきたり，角度について新しい考え方をしたりするので，戸惑うのもしょうがないかもしれません。
でも，現代社会で三角関数は，本当に欠かすことはできないんですよ。**身のまわりが三角関数であふれてるといっても過言ではないんです！**

すごい！　三角関数にがぜん興味がわいてきました。これからよろしくお願いします！
そもそも三角関数ってどういうものなんですか？

三角関数というのは，三角形の**角度**と**辺の長さ**との対応関係をあらわす道具なんです。

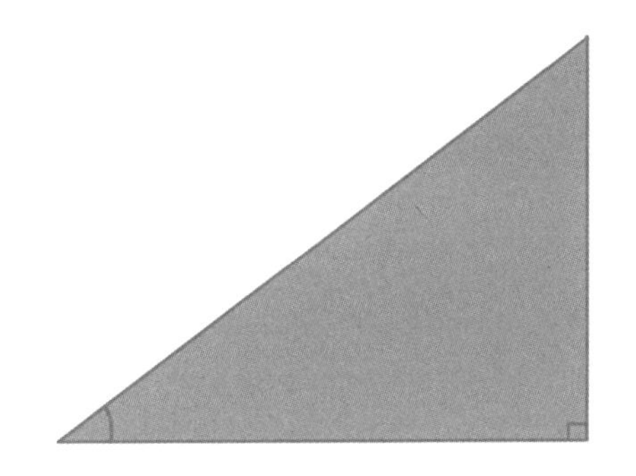

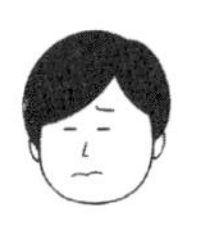

三角形の角度と辺の長さとの関係？
なんだか地味ですね。

ふふふ……。
たしかに三角関数は，三角形をあつかうときに広く役立つ道具です。でもそれだけじゃないんです。なんと**波**をあつかうときにも三角関数は欠かせないんです！

三角形なのに波？　あの水面にできる波ですよね。
それってどういうことですか!?

これが，三角関数がとても身近な道具だという理由でもあるんです。
たとえば，電波や光，地震波や人の声って全部，波なんです。

スマートフォンをはじめとする電子機器は電波で通信していますし，医学診断に使われるＭＲＩ（核磁気共鳴画像法）やAIの人工音声の技術にも波が利用されています。**そういいった技術や現象をあつかったり解析したりするときに三角関数は欠かせないのです！**
とはいえ，波の話はおいおい説明するとして（4時間目）。

えーっ，早く教えてください！

気がはやるのはわかりますけど，肝心の三角関数についてぜんぜん説明していませんからね。
まず，このSTEP1では，三角関数を理解するのに欠かせない，**三角形**という図形についてみてみましょう。

はい，お願いします！　三角形がスマートフォンの技術にまでつながるんですね。
わくわくしてきました！

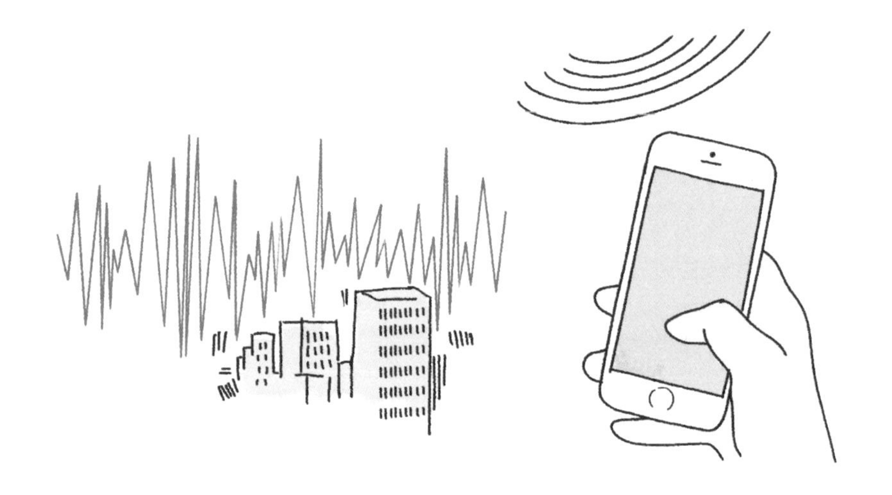

ゲームも橋も三角形でできている

三角形って身近すぎて，今まで深く考えたことがありませんでした。
でもどうして三角関数なんでしょう？　図形には四角形も五角形もあるのに。**四角関数**や**五角関数**はないんですか？

いいところに気がつきましたね！　**それは三角形があらゆる図形の基本だからだといえます。**

どういうことですか？

では四角形や五角形などの，ある一つの頂点から他の頂点に線を引いてみてください。

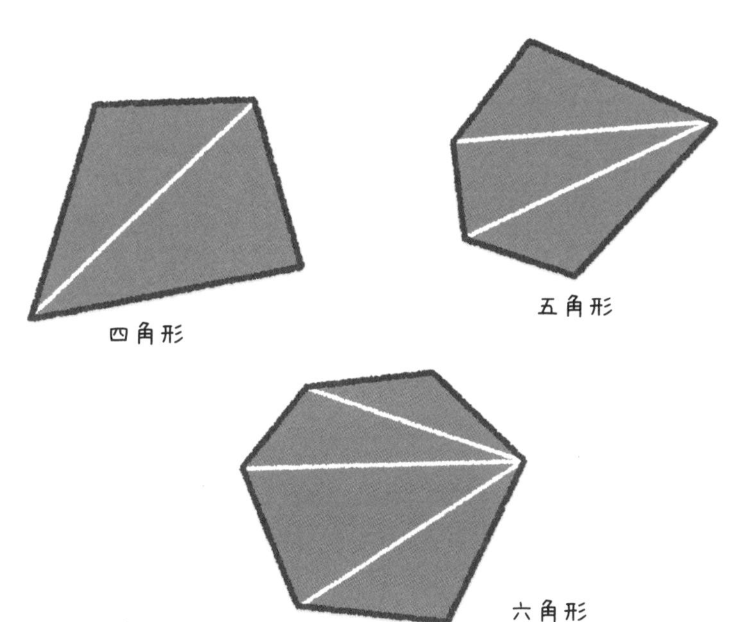

あっ，ぜんぶ三角形に分割できた！

そうなんです。**つまりどんな複雑な多角形も，三角形を組み合わせてつくることができるんです。**

なるほど。曲線でさえなければ，どんな形も三角形であらわせそうですね。

ゲームや3D映画などのためにつくられるCGの立体はとても複雑ですけど，実はたいてい三角形の集合でできているんですよ。

へえ, CGの人や物って, そういうふうにできていたんだ！

すべての形を三角形の組み合わせで表現すると, コンピュータ内での処理が簡単になるんです。
ところでコンピュータの中だけでなく, 現実世界でも三角形を見かけることはないですか。

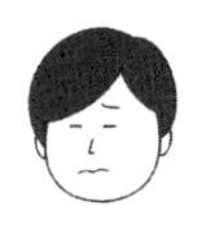

止まれの標識, おにぎり, 幽霊が頭につけてる布……。

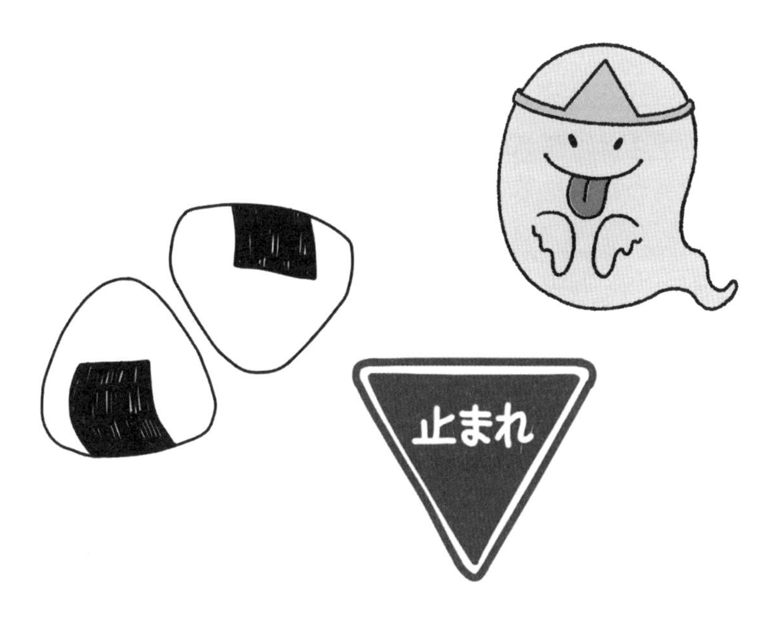

そういえば, 近所の**鉄橋**に三角形がたくさん使われていました。それから**東京スカイツリー**も三角形でおおわれていたような。

いいところに気づきました！

そういった大きな建造物の骨格に三角形が使われることって多いんです。
もし骨格が三角じゃなくて四角だったらどうなると思いますか？

うーん，なんとなく四角形のほうが不安定な気がします。

さえてますね！ **三角形は三つの辺の長さを固定してしまえば，頂点の位置や角度が一つに決まるんです。**でも，四角形やそれ以上の多角形だと，辺の長さが固定されていても，形を変えることができるんです。
だから，横から押される力に弱くなります。

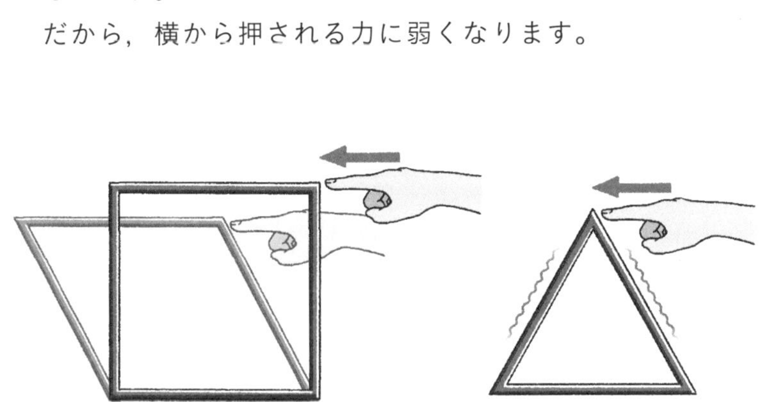

三角形ってすごくないですか⁉

すべての多角形の基本として使われているうえに丈夫だし。今まで何気なく見てきたけど，見る目が変わりそう！

それからもう一つ三角形の重要な性質を紹介しておきます。それは，三角形の**内角の和は180°**というものです。のちのち重要になってくるので覚えておいてくださいね。

はい！　小学生のときに三角形の紙をやぶって確かめた記憶があります。

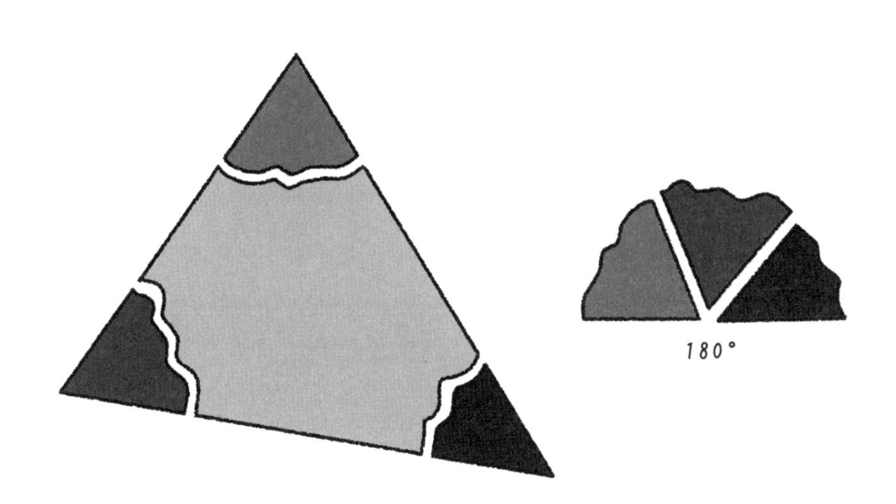

まったく同じ三角形を見分けるには

三角形の基本的な性質はマスターできましたね。ここからは，三角関数に欠かせない，三角形の**合同**と**相似**の考え方について簡単に解説しておきましょう！

中学校の授業で，**合同**とか**相似**とかで，苦労した記憶があります……。
とにかく三角形をきれいにするんですよね!?

その掃除ではありません！
ここからは駆け足で合同と相似について，解説します。
中学校で合同も相似もマスターした！っていう人は，28ページまで流し読みしてください。

じゃあまずは合同から復習してみましょうか。
合同っていうのは，
大きさも形も同じだっていうことです。

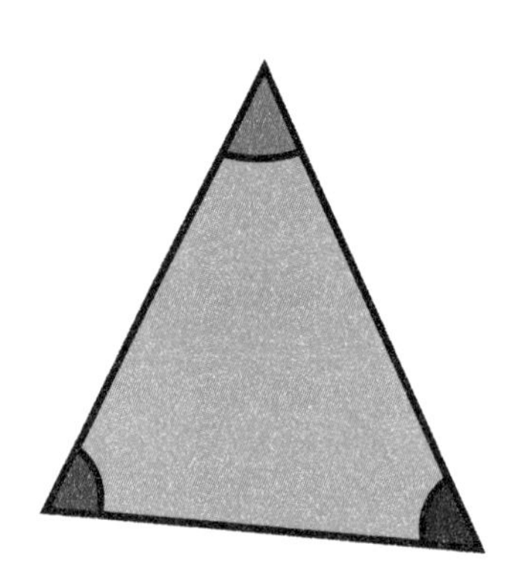

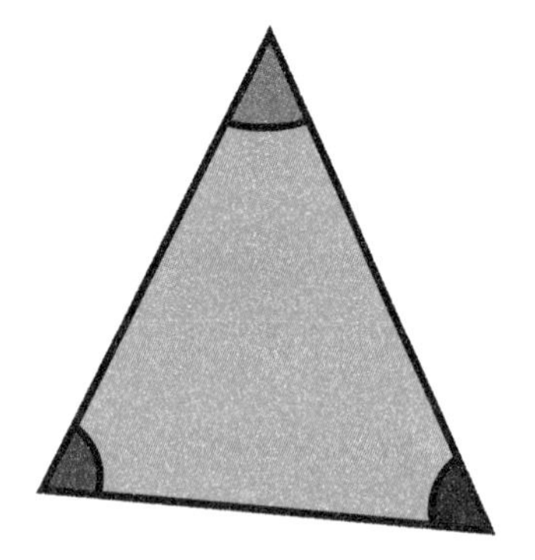

まったく同じものだっていうことですね！

ええ，そうです。
それでは，**二つの三角形があるとき，それらの三角形が合同かどうか，どうすればわかると思いますか？**

これは自信があります！　三つの辺の長さが同じで，角度が三つとも同じなら合同だと思います！

その通りです。
でも，実はそこまできちんと示さなくても，**もっと簡単に**合同だと見分ける方法があるんですよ。

**えへへ，
なんとなくそう思ってました。**

実は合同かどうかを見分けるためには，次の**三つの条件のいずれか**を満たすかどうかを調べればいいんですよ。

三角形の合同条件

①3辺が等しい。

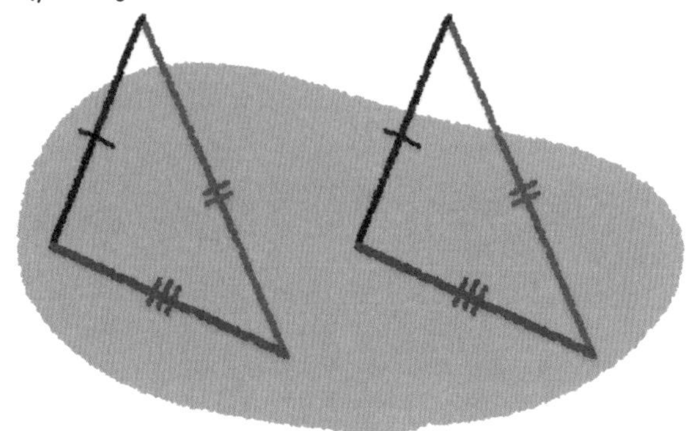

②2辺が等しく，それらの辺の間の角が等しい（2辺夾角）。

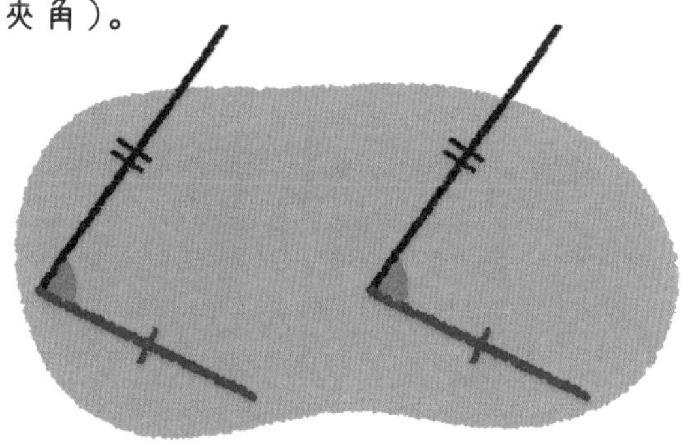

③2角が等しく，1辺が等しい（2角夾辺）。

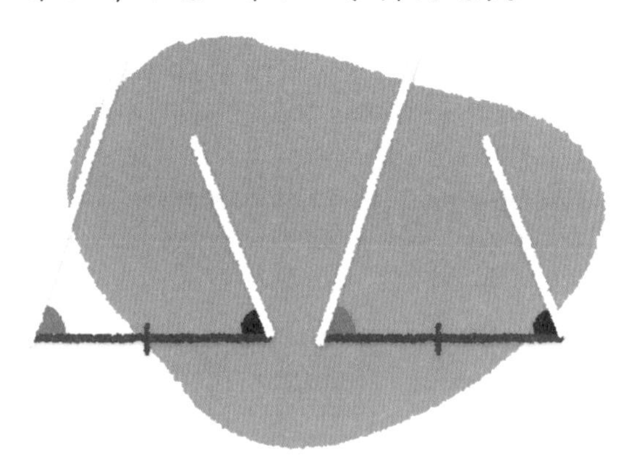

この三つのどれかを満たせば，二つの三角形はまったく同じもの，つまり合同だといえます。

なるほど。
全部の辺の長さと角度を調べる必要はないんですね！

そうなんです。
さらに，**直角三角形の場合は，一つの角度が90°で同じなので，合同の条件はもっと少なくてすみます。**
次の二つのどちらかを満たしていれば，合同だと判断できます。②′に関しては，あとで説明する**ピタゴラスの定理**を使うと，3辺が等しいという合同条件になります。

直角三角形の合同条件

①′斜辺と一つの角が等しい。

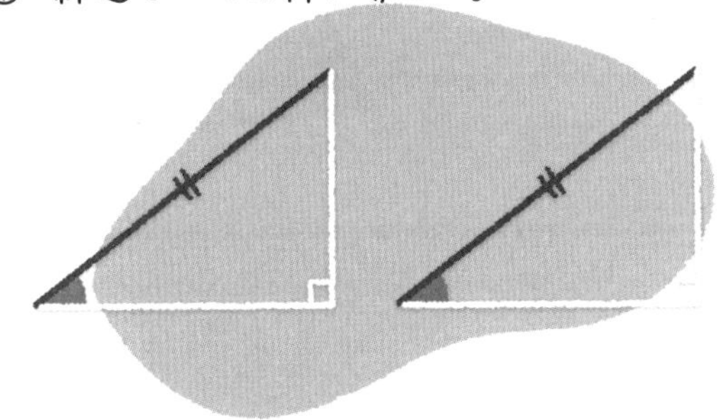

②′斜辺とその他の1辺が等しい。

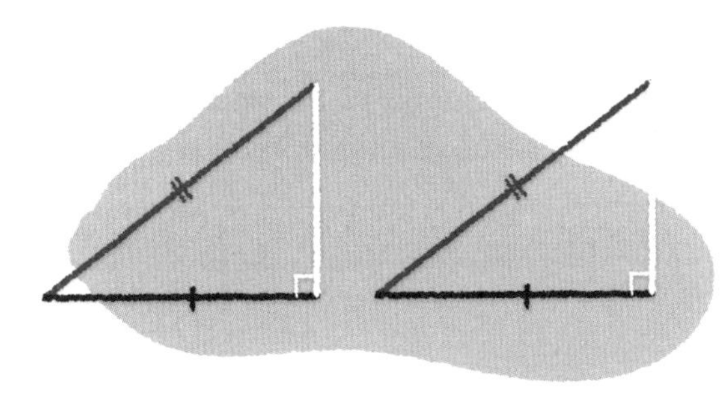

大きさはちがうけど，形が同じ三角形

ちょっと待ってください。
三つの角度すべてが同じというだけでは，二つの三角形は合同にならないんですか？

次の二つの三角形は角度はすべて同じですが，
合同ですか？

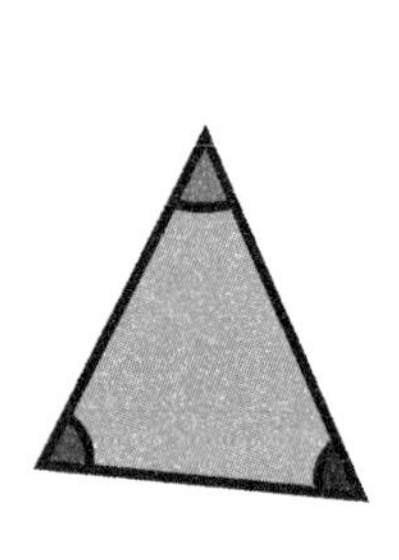

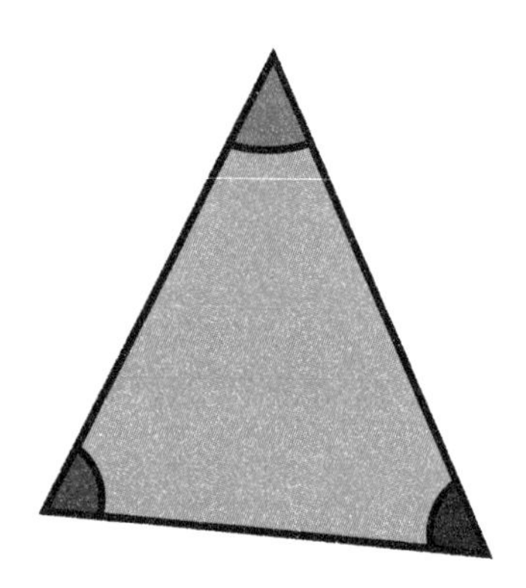

あれれ……。
形はまったく同じだけど，**大きさがちがうや。**
これは合同ではないですね。

そうですね。
こんなふうに大きさがちがうけど，形が同じ場合，それらの三角形は**相似**だといいます。

そうじ……。

相似の三角形は，**三角形の大きさのちがいを気にしないんです。**

もしかして，三角形の相似にも**決まった条件**があるんですか？

するどいですね！ その通りですよ！
次のページの三つの条件のいずれかを満たすと，二つの三角形は相似だといえます。

合同条件も相似条件も覚えるのが大変です……。

まぁ，忘れたらここにもどってくればいいんですよ。
ひとまずこれで合同と相似の基本は終わりです。

よっしゃー！

三角形の相似の条件

① 3辺の比がすべて等しい。

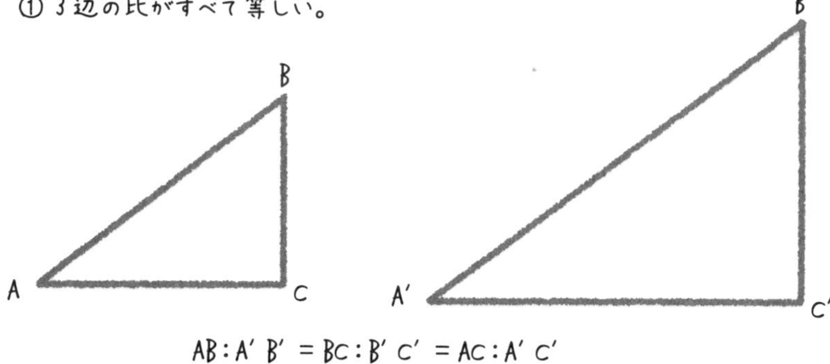

AB：A′B′＝BC：B′C′＝AC：A′C′

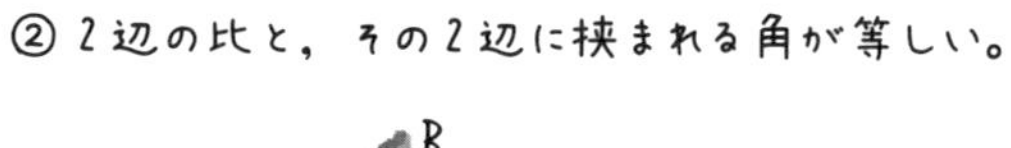

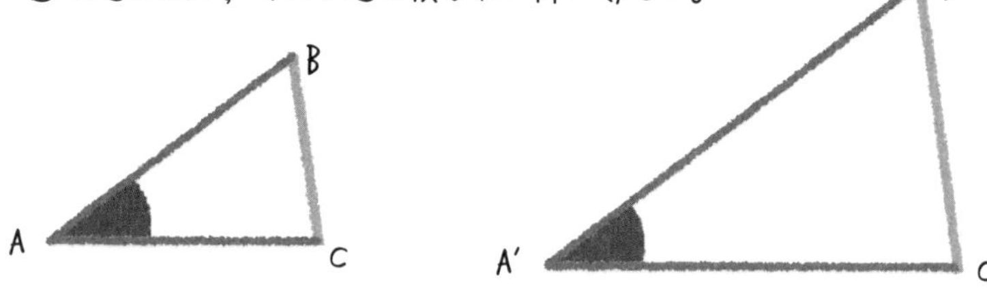

AB：A′B′＝AC：A′C′，∠A＝∠A′

③ 2角が等しい。

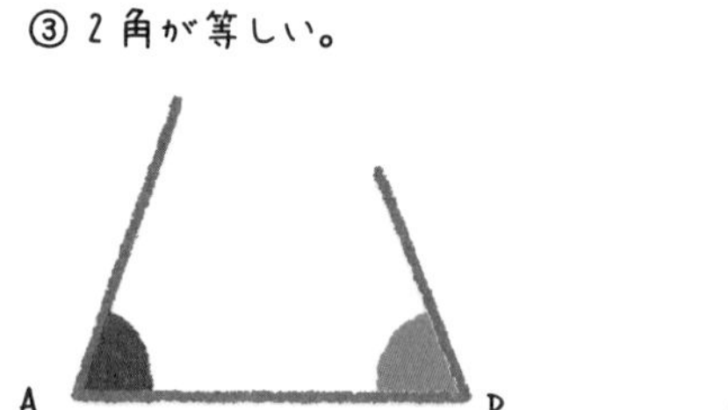

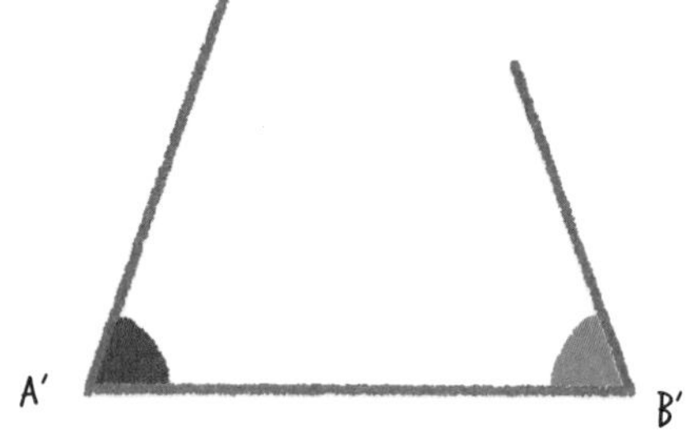

∠A＝∠A′，∠B＝∠B′

三角形の合同や相似の性質は，物の長さや距離を測定するときに活用されることがあります。たとえば，相似を使うことで，**海上の船の位置を岸から正確に知ることができます。**ここからはその話をしましょう。

相似を使って，船までの距離がわかる！

次の図のように海に船が浮かんでいます。
そんなとき，**船が岸からどのくらいの距離にいるのかわかりますか？**

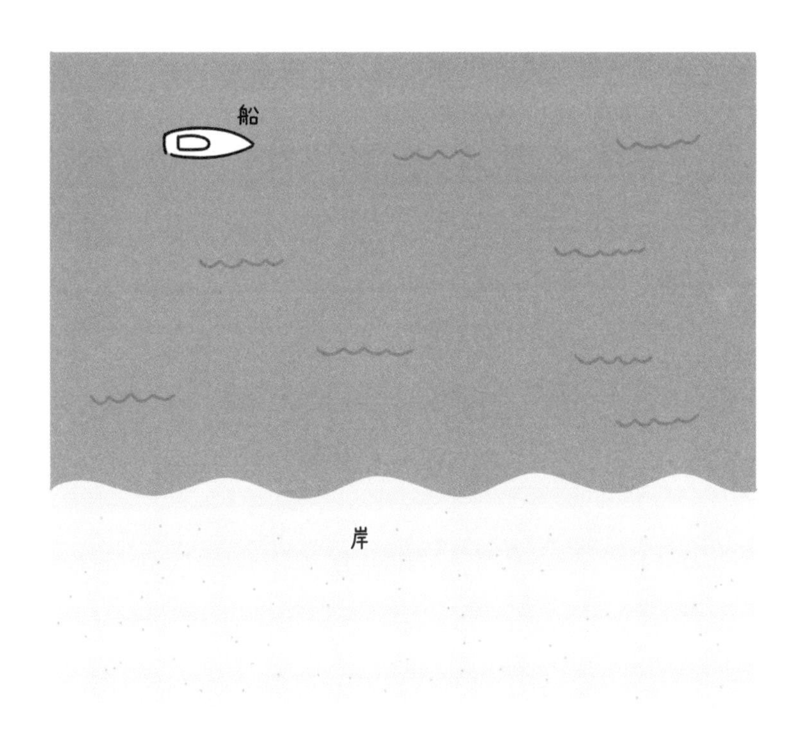

陸の上なら**メジャー**を使って地道に測れますけど……。海の上じゃあ**ムリ**です。行けない場所の距離なんて，測れないと思います！

そう思いますよね。でも**相似な三角形**を利用すれば，海の上の船までの距離を測れるんです。

うわっ魔法みたいですね！

うまく相似な三角形をつくるのがコツです。次の図の観測地点Aからの船の距離を知りたいとしますね。
まず，船（F）と観測地点Aを結んで線分AFを引いてみましょう（①）。同じように，船（F）と適当な別の観測地点Bを結んで線分BFを引きます（②）。

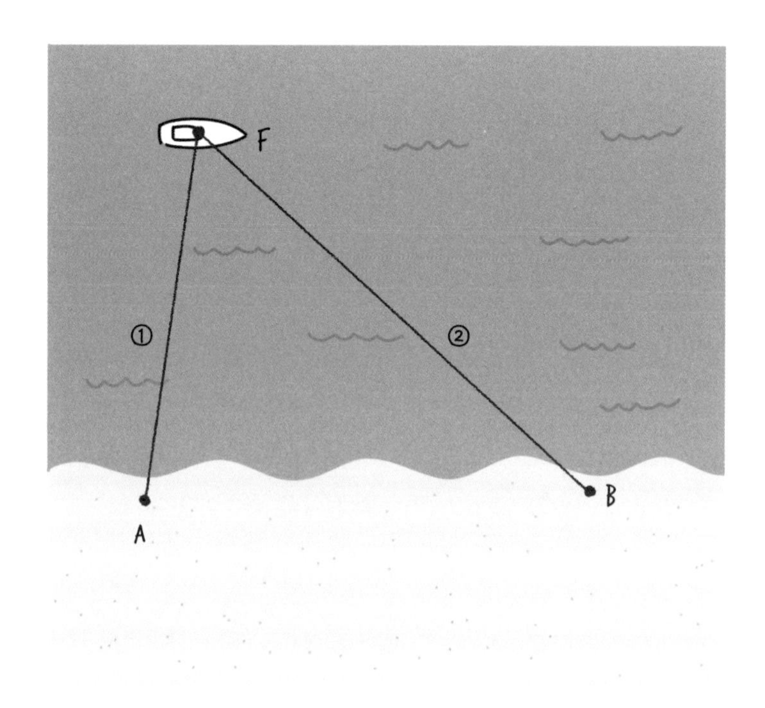

はいっ，引けました！

次にAFと直角となる線を，BFの延長線上まで引き，その交点をCとします(③)。そして，観測地点Bから，ACに垂直な直線を引き，ACとの交点をDとします(④)。すると，△AFCと△DBCができましたね。

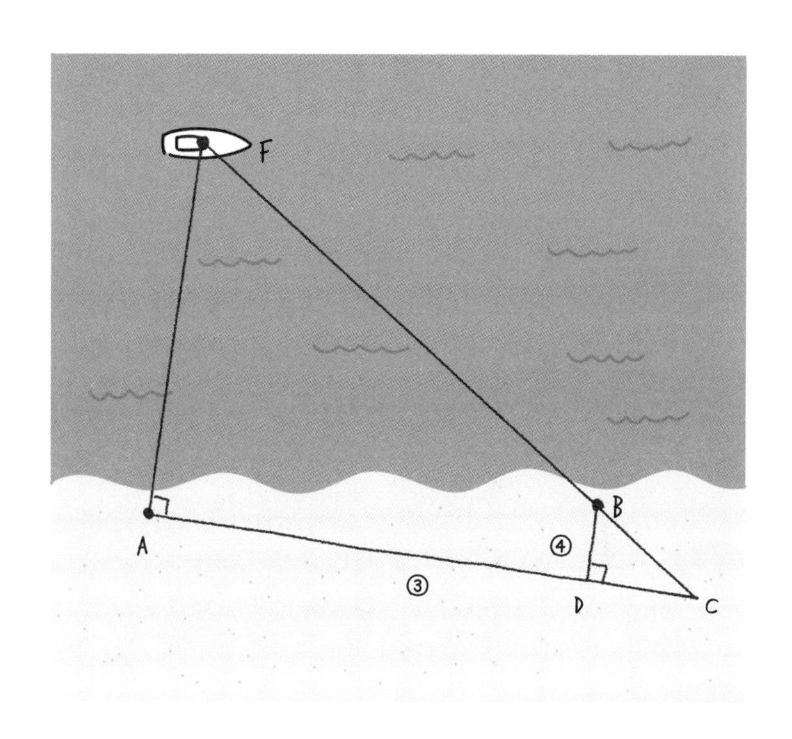

まさか，この二つの三角形が相似？

そうなんです。まず，**角C**が共通していますよね。
そして，どちらも直角三角形なので，**角FAC＝角BDC＝90°**です。

あっ，二つの角の大きさが同じです。さっきやった相似の条件の一つですね。ということは，△AFCと△DBCがやっぱり相似です！

その通りです！
すると対応する辺の比が等しいので，次の関係がなりたちます。

$$FA : AC = BD : DC$$

$$FA = BD \times \frac{AC}{DC}$$

BDもACもDCも**陸上**なんで，測定することができますよね。そこからFAの長さが求められるんです！

まさか行けない場所にある船までの距離を求められるなんておどろきです。
これなら遠くても，それどころか間に障害物があっても，測りたいものさえ見えていれば距離を測れそう！

昔から三角形の相似の関係は**測量**に役立てられてきたのですよ。

昔の人にとっても測量は重要だったんですね。
農耕を行ったり**建物**をつくったりと，人の営みの上では欠かせないものだったんでしょうね。
でもさすがに今はこんなやり方はしてないですよね。

そうとも言えません。今も測量には，**相似**の考え方や，相似を利用した**三角関数**の考え方が欠かせないんです。

時代が変わっても，問題を解く基本の考え方は変わらないってことですね！

STEP 2

直角三角形で成り立つ「ピタゴラスの定理」

直角三角形には，「ピタゴラスの定理」として知られる重要な定理があります。ピタゴラスの定理はいったい何の役に立つのでしょうか？　そして，なぜ成り立つのでしょうか？

東京スカイツリーが見えるのはどこまで?

三角関数は，直角三角形と深く結びついています。そこで，直角三角形の重要な性質を見てみましょう。
三角関数の理解に欠かせませんから。
ピタゴラスの定理って知っていますか？

うーん，聞いたことがあるような気はするけど，
さっぱりです！

三平方の定理ともいわれているものですよ。
直角三角形の一番長い辺をc，ほかの辺をa，bとすると，
$a^2+b^2=c^2$
が成り立つってやつですね。

ぼんやりと中学生のころに習ったような記憶が……。

図示してみましょう。直角三角形のまわりに，それぞれの辺でできた正方形をえがいてみます。すると**最も大きな正方形の面積が，ほかの二つの正方形の和になります。**

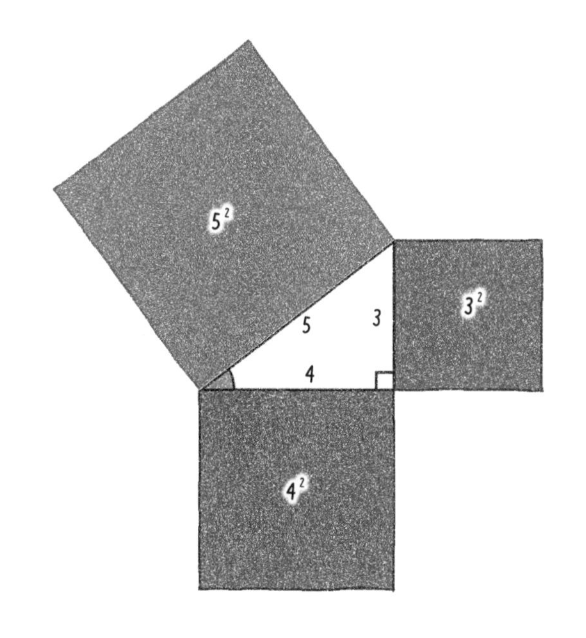

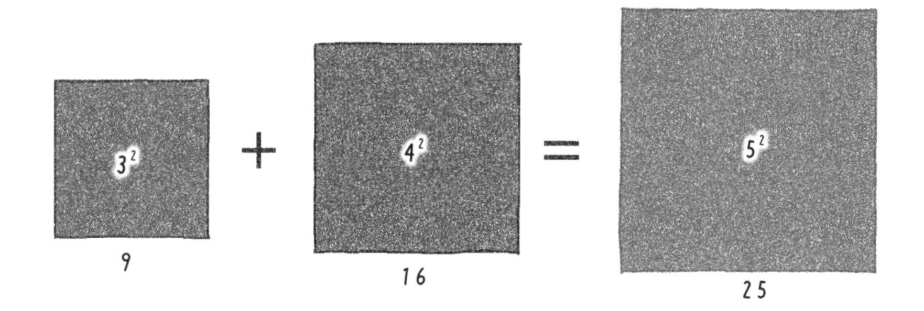

これはどんな直角三角形でも成り立つ，すごい役に立つ定理なんですよ！

ピタゴラスの定理は，あとで紹介する三角関数の重要な公式とも関係しているので，ぜひ覚えておいてください。

はい。ピタゴラスの定理は，どういうときに役立つんでしょうか？

そうですね。たとえば，**東京スカイツリー**ってありますよね。これがどこまで見えるかを，ピタゴラスの定理を使って計算してみましょうか。

すごい！ そんなことが計算できるんですか!?
そういえば茨城県に住んでいる友達が，家からもスカイツリーが見えるって自慢していました。
どこまで見えるのか気になりますね！

じゃあ，絵に書いてみましょう。
地球は丸いから，スカイツリーからはなれていくと，どこかの地点で見えなくなります。

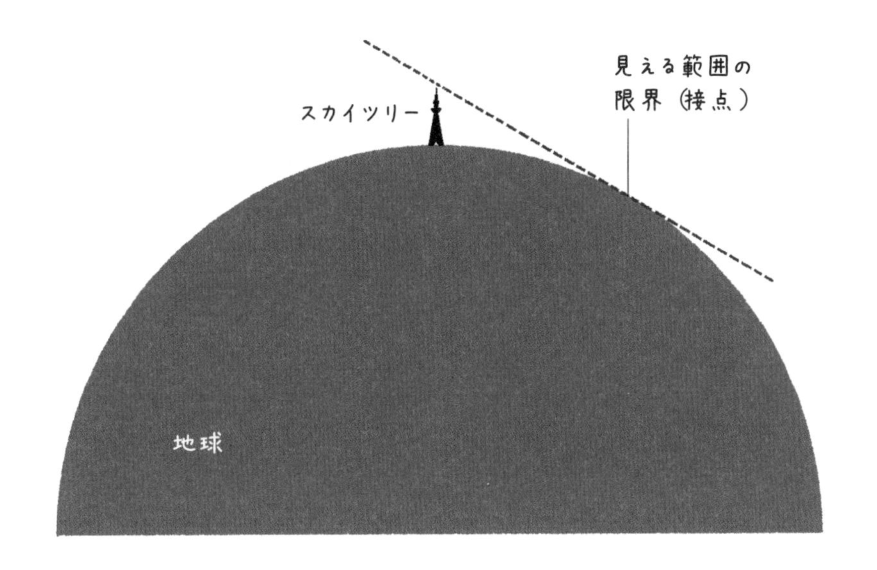

上のイラストのように，スカイツリーのてっぺんから地表に線を引いてギリギリ線が接する接点が，見える範囲の限界です。

なるほど！　スカイツリーから接点までの長さがわかれば，どれくらいの距離までスカイツリーが見えるのかがわかるんですね。でも長さが全然わかりません。

ふふふ。ここで**直角三角形**が役立つんですよ！　次の図のように，地球の中心と，スカイツリー，接点を線で結んでみましょう。その中に直角三角形がかくれていますよ。

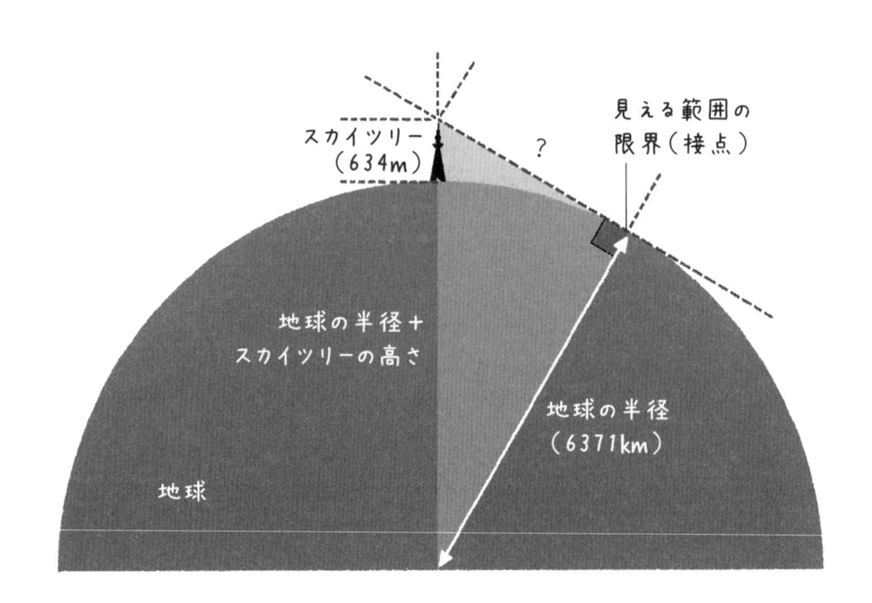

スカイツリーのてっぺん，接点，地球の中心を結ぶと直角三角形があらわれるんですね。

その通り。そして，**スカイツリーの高さは634メートル，地球の半径は約6371キロメートル**ということがわかっています。
はい，じゃあピタゴラスの定理を使って，スカイツリーのてっぺんから，見える範囲の限界までの距離（見える距離）を求めてください。

ふぇーわかりません。

ピタゴラスの定理では，直角三角形の最も長い辺の２乗が，ほかの２辺の２乗を足したものと等しくなるんですよ。

うーんと，それじゃあ，

$$(\text{地球の半径})^2 + (\text{見える距離})^2 = (\text{地球の半径} + \text{スカイツリーの高さ})^2$$

値を入れると，

$$6371^2 + (\text{見える距離})^2 = (6371 + 0.634)^2$$

$$\text{見える距離} = \sqrt{(6371 + 0.634)^2 - (6371)^2}$$

$$= 89.88\cdots\cdots\text{キロメートル}$$

つまり，見える距離は**約90キロメートル**でしょうか。

大正解です！

地図で見ると，計算上は千葉県は全域，静岡県の一部でも見えることがわかりますね。

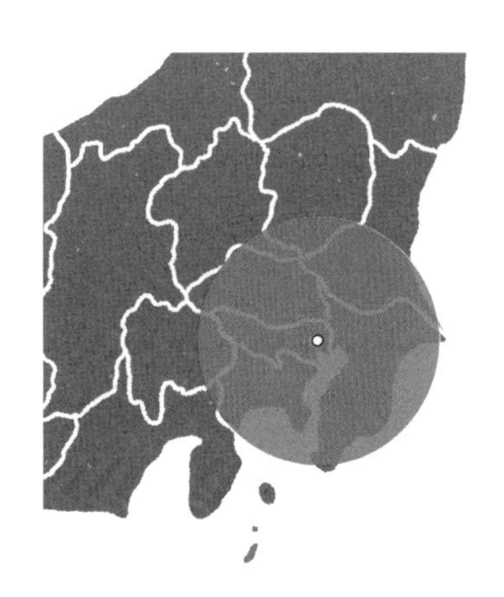

へえ。茨城県の人もやっぱりちゃんと見えるんですね。

そうですね。**標高が高かったりビルの上だったりするともっと遠くでも見えるでしょう。**

ピタゴラスの定理を確認しよう

ピタゴラスの定理って不思議です。
これって本当に成り立つんですか？

定理っていうのは証明されているもののことですから，この等式にまちがいはないですよ。この定理を発見したのが**ピタゴラス**だからピタゴラスの定理っていわれているんです。**でも実際のところピタゴラスが一人で発見したわけではないようなんですけどね。**

ピタゴラス
（紀元前582年？～紀元前496年？）

えっ……。

じゃあ，この定理を証明してみましょうか。いろんな証明の方法がありますけど，その一つを紹介しましょう。

お願いします。

辺の長さが，a，b，cの直角三角形を四つ，正方形ができるように並べました。

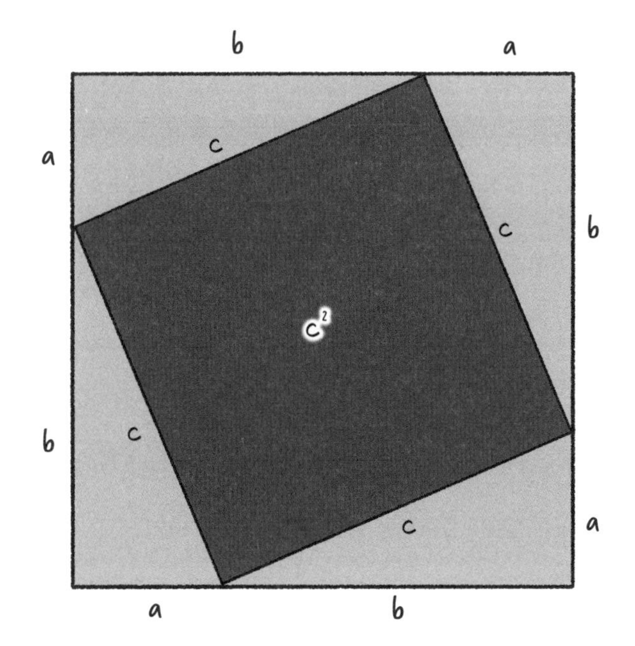

さてここで問題です。
$c^2 = a^2 + b^2$というピタゴラスの定理をこの図から説明できますか。

えっ，いや全然ムリです！

相変わらず即答ですね！
じゃあヒントです。大きな正方形の**面積**を考えてみてください。

1辺の長さが$a+b$だから，大きな正方形の面積は$(a+b)^2$です！

完璧ですね！

でも，同じ大きな正方形は，別の方法で計算することもできるんです。**今度は，直角三角形と中央の四角形の足し算で大きな正方形の面積を考えてみてください。**

えーっと……，
大きな正方形の面積は，直角三角形四つと，小さな正方形を足したものですね。

直角三角形の面積 $= \frac{1}{2} \times a \times b$
小さな正方形の面積 $= c^2$
大きな正方形の面積 $= 4 \times \frac{1}{2}ab + c^2$

そうそう，その調子です。大きな正方形の面積「$(\boldsymbol{a}+\boldsymbol{b})^2$」と「$4\times\frac{1}{2}\boldsymbol{ab}+\boldsymbol{c}^2$」は，同じになるはずですから，次の計算ができますね。

$$(a+b)^2 = 4\times\frac{1}{2}ab + c^2$$
$$a^2 + 2ab + b^2 = 2ab + c^2$$
$$a^2 + b^2 = c^2$$

お，すごい！ ピタゴラスの定理が出てきました。

はい，これでピタゴラスの定理が成り立つことが確認できました。
中学校までにならうピタゴラスの定理では，直角三角形でしか使うことはできませんでした。
でも，三角関数を使うと，このピタゴラスの定理を進化させて，直角じゃない三角形にも応用できるようになるんですよ！

へえおもしろそう！
ピタゴラスの定理，ハンパないっす！

偉人伝❶

直角三角形の重要定理を発見，ピタゴラス

「ピタゴラスの定理」で知られるピタゴラスは，紀元前582年ごろにギリシア東南部のサモス島に生まれました。前530年ごろにイタリア南部の町クロトンへ移り，そこで宗教・政治・哲学を学ぶ教団のようなものを開きました。この教団は数論，幾何学，天文学，音楽の4科目に加え，哲学や宗教を論じ，「ピタゴラス教団」，あるいは「ピタゴラス学派」ともよばれました。

五つの正多面体を発見!?

ピタゴラス学派は，三角形の内角の和が180°になることを証明し，また正4面体，正6面体，正8面体，正12面体，正20面体の五つの正多面体を発見したといわれていますが，確かなことはわかっていません。

しかし何といってもピタゴラス学派の仕事の中で最も有名なのは，「ピタゴラスの定理」でしょう。今ではこの定理について，200あまりの証明法があるといわれています。なお，ピタゴラスの定理は，ピタゴラス一人で発見したものではなく，ピタゴラス以前に知られていたとの説が有力です。

ピタゴラスの定理の副産物

ピタゴラスやピタゴラス学派の人たちは1，2，3，……といった正の整数に興味をもち，やがて正の整数と整数の比であらわされる数（たとえば $\frac{3}{2}$ や $\frac{3}{4}$）だけを数と考えるようになりました。それらは現在「有理数」とよばれている数です。

ところがピタゴラスの定理によって，有理数だけでは理解できない数があることがわかりました。たとえば直角二等辺三角形では，斜辺と1辺の比が$\sqrt{2}$になります。$\sqrt{2}$は，2乗すると2になる数であり，小数にすると1.41421356……となってしまい整数の比ではあらわせません。現在，このような数は「無理数」とよばれています。

ピタゴラスたちは無理数を「アロゴン（Alogon，口にできない）」とよんで研究対象から除外し，そのことを教団外の人たちには秘密にしていたといわれています。無理数についてしゃべった弟子を，殺害したという説もあります（諸説あります）。

そのほかにもピタゴラスは音についての研究も行いました。彼はいろいろな長さの弦を用意し，弦の長さと音階との関係を見出しました。

2

時間目

三角関数の基本をマスター

サインって何？

三角関数の元となる考え方は，古代の暦づくりにまでさかのぼれます。ここではそのいきさつを紹介するとともに，三角関数の一つ，サインについてみていきましょう。

天文学が三角関数を生んだ

先生，三角関数はどのようにして生まれたんでしょうか。

いい質問ですね！
三角関数の元となる考え方は，古代に，農作業に欠かせない暦づくりにまでさかのぼれるんですよ。

こよみ……。カレンダーのことでしょうか？

そうです。農作業を行うときは，天候の移り変わりを前もって予想することが欠かせません。暦があれば，種まきの時期を決める参考になります。それから，雨が多い時期や乾燥する時期を予測することもできます。

前もって雨が降りそうだとわかれば，水害への備えもできそうですね。

その通りです。洪水や飢饉は人命に直結しますし，国の力にも影響してきます。国を治める人にとって暦づくりは必須だったんです。

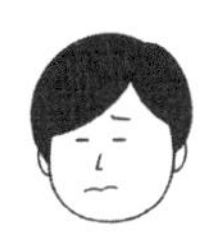

ほぉ〜。
暦づくりがどれだけ重要だったかわかりました。
でも暦づくりに三角関数がどう関係してくるんですか？

それは，暦が**天体観測**によってつくられたものだからなんですよ。

一体どういうことですか？

暦の基本となる1日や1ヶ月，1年の長さは，地球から見た太陽や月の位置で決まっていました。
だから，1日や1年の長さを正確に知るためには，まず太陽や月，星が天球上のどこにあるのかを正確に知らなければなりません。
そのために必要だったのが，三角関数です。**三角関数の元となる考え方は，紀元前のギリシアで天体観測のために生まれたと考えられているんです。**

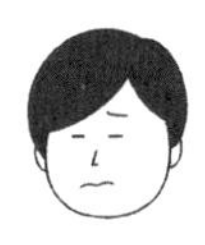

先生ちょっと待ってください！
天球って何ですか？

おっとすみません。**天球とは，無数の星が張りついていると考えられる，仮想上の球面のことです。**実際の天体は地球からさまざまな距離に浮かんでいますよね。
でもどの天体も天球上に張りついていると考えると，天体の位置や動きを考えるのに便利なんです。昔は天球は実際に存在すると考えられていたようです。

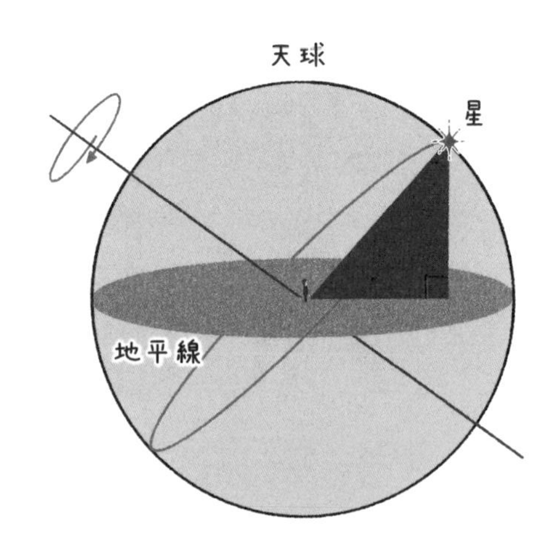

あぁ，聞いたことがあります。
天動説ですよね！（得意げ）

よくわかりましたね。
昔の人は，地面が動いているのではなくて，天体が張りついた天球が回っているって信じていたんです。
それで正確な暦をつくるには，天体が天球上のどこにあるのかを記録する必要があります。そのために，天体の方角，天体を見上げる角度，見上げる角度がつくる**弦**の長さが必要だったのです。

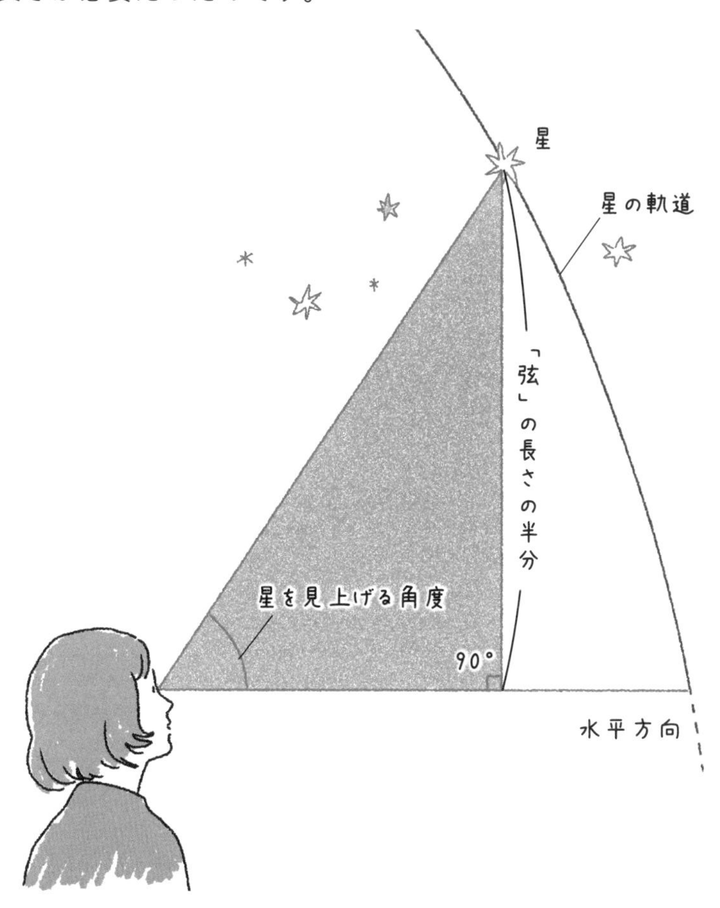

おっ，なんか三角形が出てきましたね！

ところで，またまたわからない言葉が……。
弦って何ですか？

弦というのは円の中心角によって切りだされる，円周上の2点を結ぶ線分のことです。

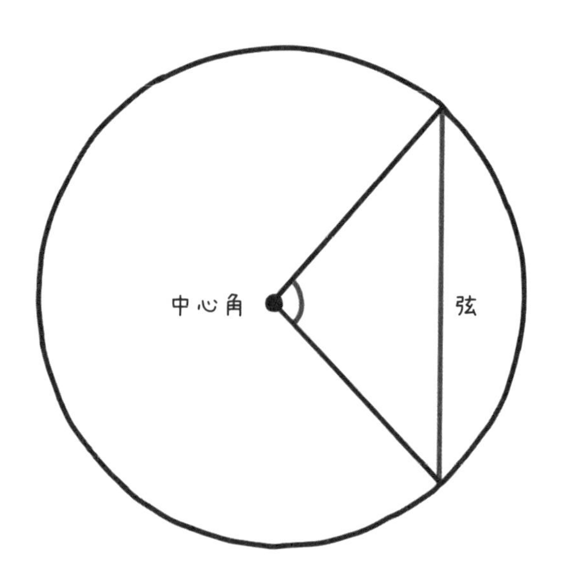

この赤い線の部分ですか……。

これをさっきの天球に当てはめると，弦があらわれるでしょ。

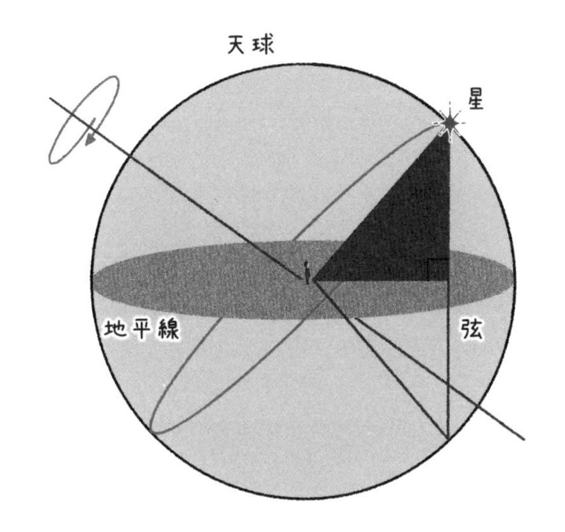

古代ギリシアの天文学では，この中心角と弦の関係が使われていました。ですが現在は上半分の三角形が何かと便利なので，**当時の弦の長さの半分**の値がよく使われるんです。

へえ。三角関数が誕生するまでに，そんな経緯があったんですね。

ところで，この星を見上げる角が大きくなると，弦の長さはどうなると思いますか？

もちろん弦も大きくなると思います。

そうですね。**つまり角度が決まると，それに対応して弦の長さが決まります。**こんなふうに，ある数が決まると，別の数が決まるような対応関係を**関数**といいます。

かんすう……。

そう，角度と弦の対応関係は関数なんです。
この関係が，三角関数へとつながっていくんです。

サインの基本

それではいよいよ，三角関数を紹介していきましょう。
三つの主な三角関数を取り上げます。
まず一つ目は，**サイン**です。

わーい，いよいよ本題だー！
サインって，有名人がよくするやつですね！

残念！
三角関数のサインの英語でのつづりは**sine**です。
有名人がするサインや合図のサインは，**sign**でまったく別ものなんです。

ちぇっ。

サインは，日本語では**正弦**とよばれています。

せいげん……。

サインは，三角関数というだけあって，関数の一種です。
サインに，ある角度を入れると，その角度に対応した別の数を返してくれるんですね。

む，むずかしい。

じゃあ具体的に直角三角形を使って，説明していきますね。
次の図を見てください。直角三角形ABCの左側の角Bの大きさをθ（シータ）という文字であらわしましょう。

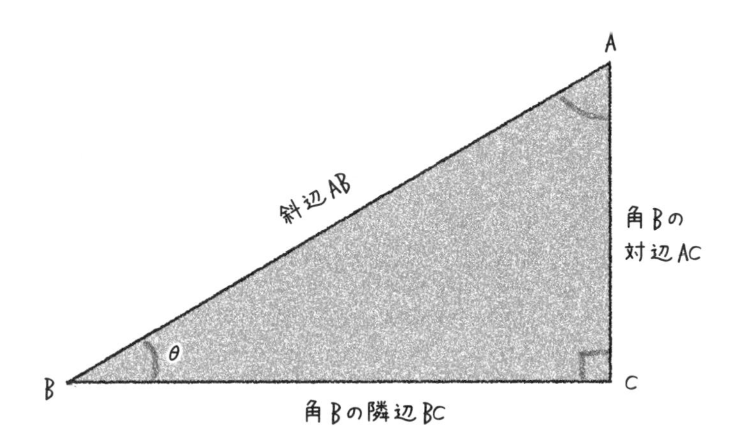

しーたぁ!!

θはギリシア文字で，角度をあらわすときによく使われます。

それで，先ほどの直角三角形ABCで，それぞれの辺のよび方をおさえておきましょう。最も長い辺ABを**斜辺**，角Bの向かいの辺ACを角Bの**対辺**，角Bの隣にある斜辺ではない方の辺BCを角Bの**隣辺**といいましょう。

いきなり複雑！

角Bを基準にすればわかりやすいですよ。角Bから斜め上を見上げるのが「斜辺」，対面にあるのが「対辺」，地続きのお隣が「隣辺」です。

なるほど。

それでね，サインっていうのは，直角三角形の $\frac{対辺}{斜辺}$ のことなんです！

いきなりですね。

つまり，斜辺に対する対辺の比の値です。
角度が θ のときのサインは，記号では $\sin\theta$ と書きます。

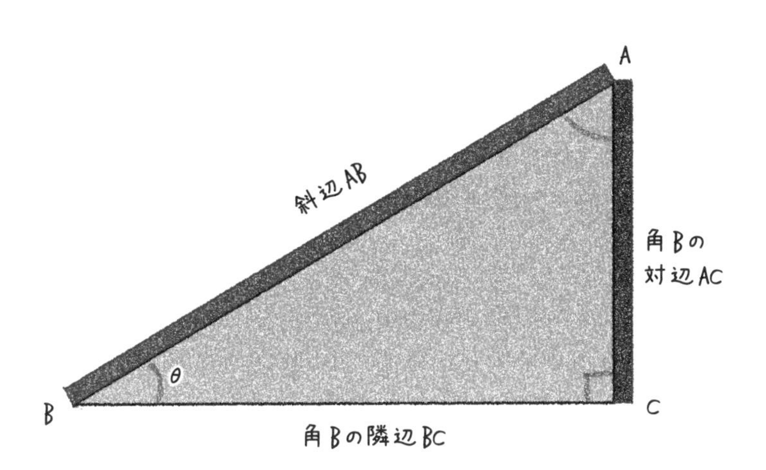

ポイント！

$$\sin\theta = \frac{対辺AC}{斜辺AB}$$

この式がサインのすべてですから，**必ず覚えておいてください！**
たとえば，次のような直角三角形の場合，$\sin\theta = \frac{3}{5}$ です。

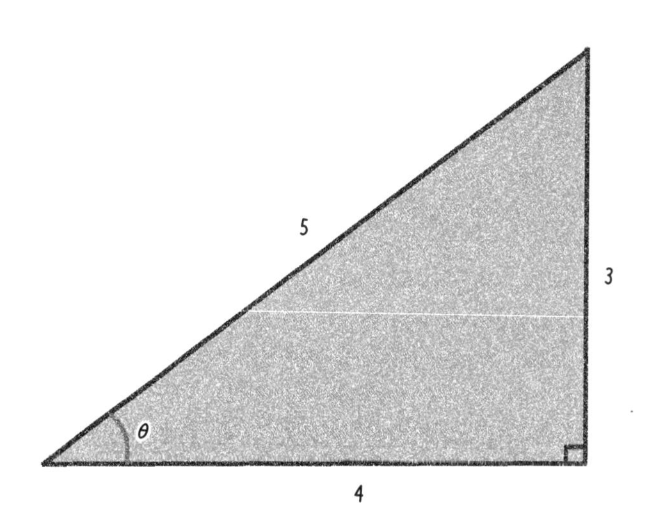

なるほど，けっこう簡単ですね！
でも，どこの辺をどこの辺で割るのか忘れてしまいそうです。

そんなあなたに**必殺技**を。
大きさ θ の角Bを左側に置けば，斜辺と角Bの対辺は，筆記体の s で結べます。だから，sから始まるサイン は，$\frac{対辺}{斜辺}$ と覚えられます。

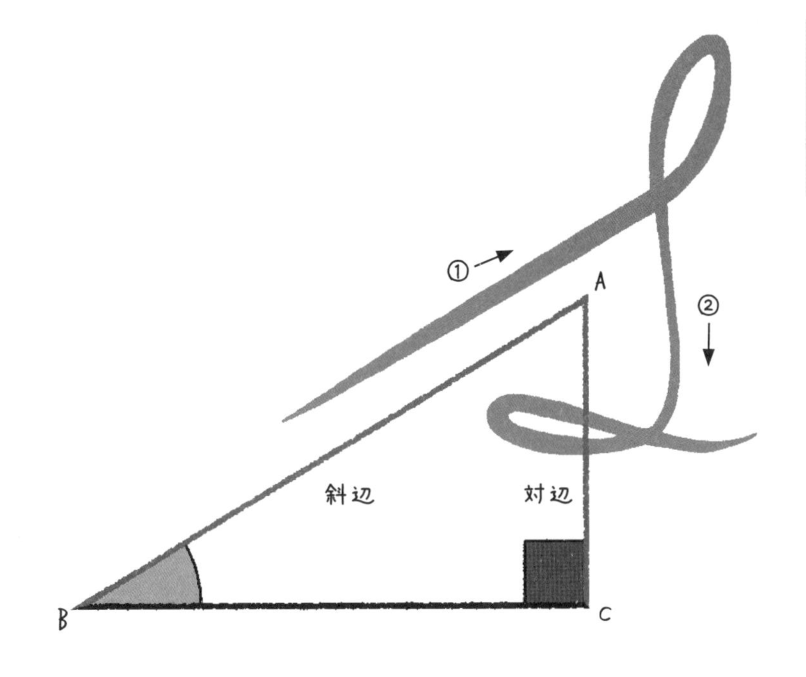

ふふふ。おもしろい。

ところで，この $\sin\theta$ は，**直角三角形の大きさには関係なく，角度 θ さえ同じであれば，かならず同じ値になるんですよ。**

え!?
どういうことですか？

直角三角形がテニスコートくらいの大きさであっても，ノートに書ける大きさであっても，$\frac{対辺}{斜辺}$ すなわち $\sin\theta$ の大きさは変わらないんです。

1時間目に教えてもらった**相似の三角形**ってやつですね！

そうです。
つまり，θの大きささえ決まれば，**sin**の値は必ず一つに決まるんですよ。

それから，ここで注意点を一つ。**直角三角形で考えるときには，注目する角はいつも左側に置いて，直角が右側にくるようにしてください。**
こうしないと，それぞれの辺の位置が変わってしまって，慣れていないと大混乱してしまうと思います。これは，**sin**に限らず，これから紹介する三角関数すべてに共通することです。

サイン の値を計算してみよう

具体的に $\sin\theta$ がどんな値になるのか知りたいです。

お，やる気ですね！

たとえば θ が30°のときは，簡単に求められます。

$\theta=30°$，斜辺AB＝1の直角三角形を書いてみましょう。

ここで図の中に「斜辺AB（1）」とあるのは，斜辺ABの長さが1であることをあらわします。

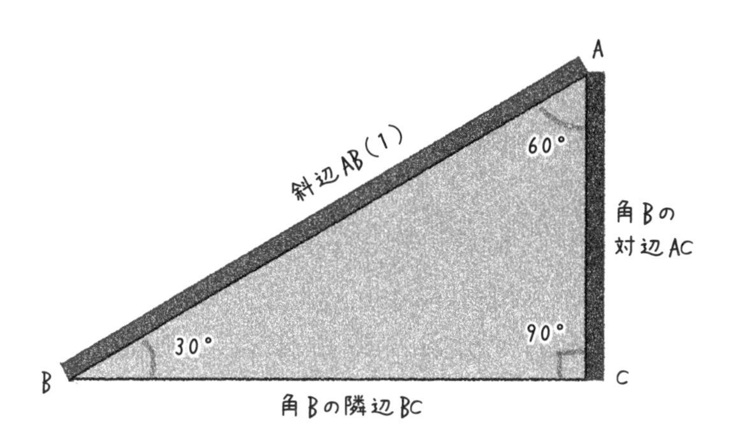

サインを求めるには，**斜辺AB**と**対辺AC**の長さが必要なんですよね。

斜辺ABは1だとわかりますけど，対辺ACの長さがさっぱりわかりません。

ここで一工夫です！

この直角三角形を上下反転させて，下に同じ直角三角形をえがいてみます。すると，すべての角度が60°の三角形ABDができあがります。

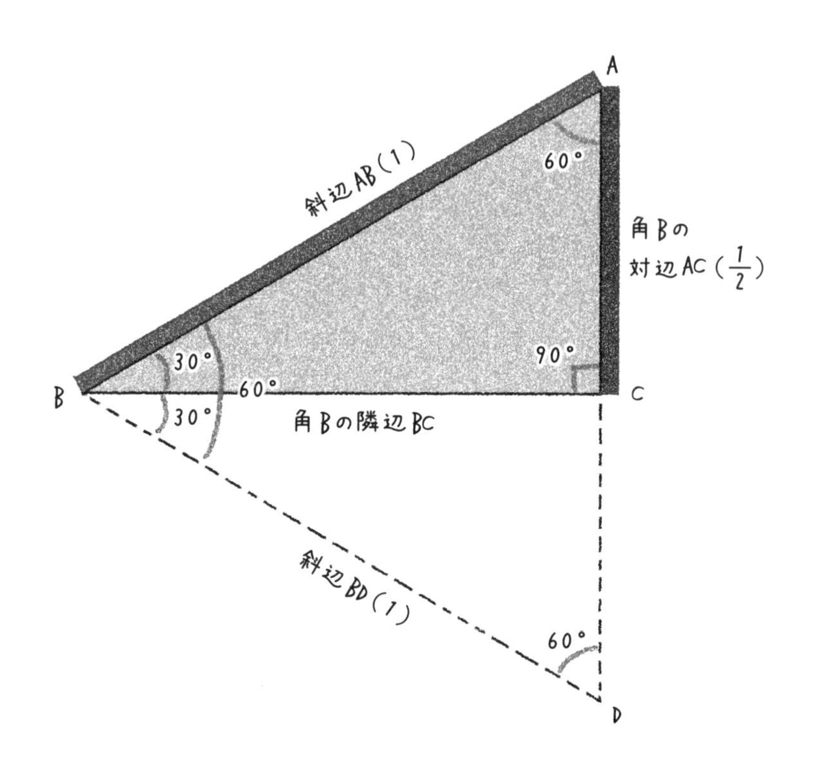

おーなるほど！

すべての角度が60°ということは，三角形ABDは，**正三角形**ですね。ということは，ADの長さはABと同じで1ということです！　そして，ACの長さは，その半分だから$\frac{1}{2}$です。だから$\frac{対辺}{斜辺}=\frac{1}{2}\div 1=\frac{1}{2}$です！

いいですね！　正解です。

つまり，$\sin 30^\circ=\frac{1}{2}$ということです。

$$\sin 30° = \frac{1}{2}$$

では，次ですね。θ が45°のときの$\sin\theta$も簡単に求められます。
計算してみましょう。

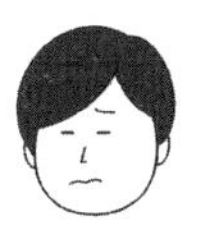

今度はどうするんでしょうか？

θ＝45°，斜辺AB＝1の直角三角形をえがいてみましょうか。

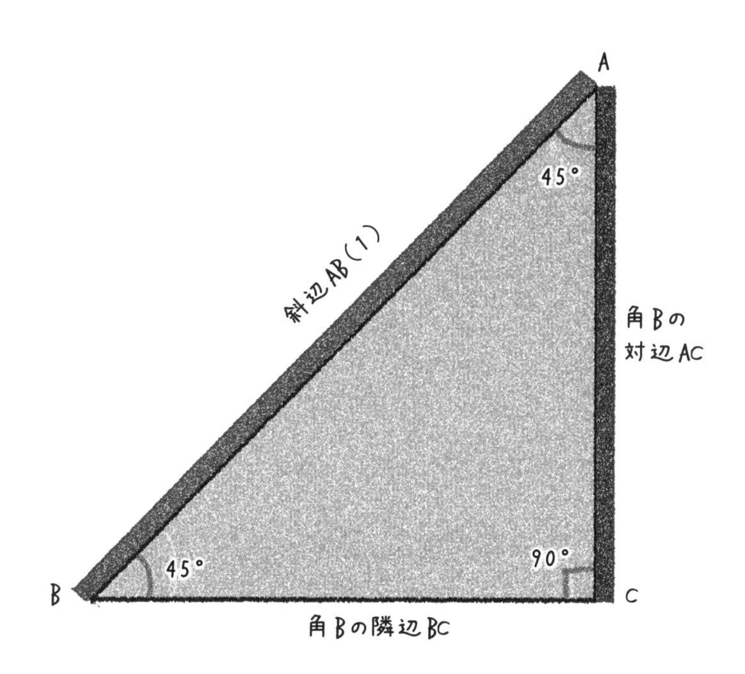

これは，どういう種類の三角形ですか？

えっ？　いきなりそんな。
わかんないっす。

ほかの角の大きさを考えてみるとよいですよ。

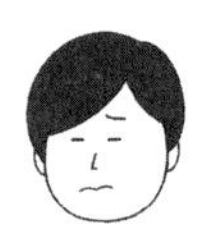

うーん，
θ が45°のときは，残りの角の大きさは，90°と45°……。
そうか，これは角Aと角Bの大きさが同じなので，**直角二等辺三角形**です。

そうですね。それがわかれば1時間目に出てきた定理から求められますよ。

ひぃーっ，全然わかんないです。
1時間目に定理とかやりましたか？
ええっと，定理，定理……。

ほら，**ピタゴラスの定理**ですよ！
直角二等辺三角形は，二つの辺が等しい，すなわち，対辺AC＝隣辺BCになります。ここで，ピタゴラスの定理を使うと，次のように $\sin 45°$ が求められます。

ピタゴラスの定理から

$$斜辺AB^2 = 対辺AC^2 + 隣辺BC^2$$

直角二等辺三角形だから，対辺AC＝隣辺BC なので，

$$斜辺AB^2 = 対辺AC^2 \times 2$$

$$\frac{対辺AC^2}{斜辺AB^2} = \frac{1}{2}$$

よって $\dfrac{対辺AC}{斜辺AB} = \dfrac{1}{\sqrt{2}}$

はい，というわけで $\sin 45° = \dfrac{1}{\sqrt{2}}$ です。約0.71ですね。

$$\sin 45° = \frac{1}{\sqrt{2}}$$

おっしゃー！
30°，45°のサインの値，マスターしました！

それでは最後に θ が **60°** のときも求めてみましょうか。

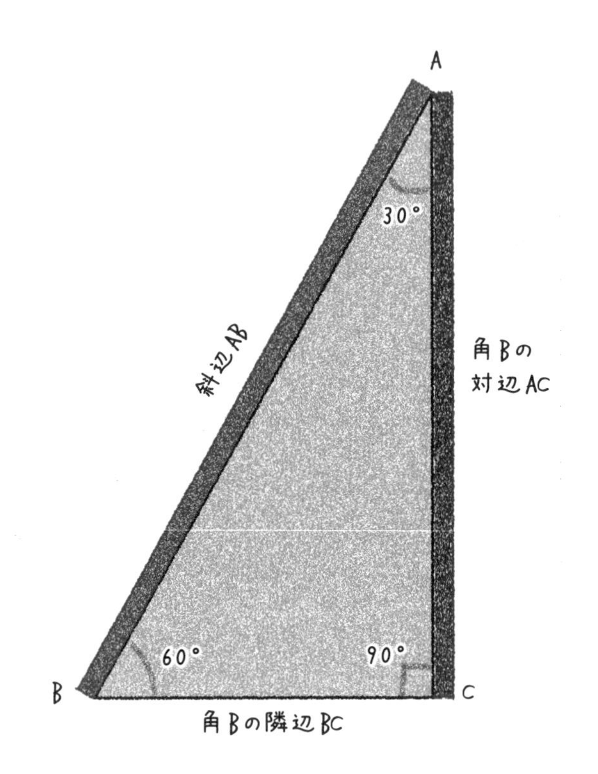

ひーっまだやるんですか!?

サインはこれで最後。

はい。

この60°の直角三角形，どこかで見覚えありませんか？

いやぁ，はじめて見たと思いますが。

うー……。
三角形の内角の和は，180°になるわけなので，角Bが60°ということは，角Aの大きさは30°になりますよね。

はい。

つまり，**60°の直角三角形は，先ほど登場した30°の直角三角形を裏返しただけなんです。**

えっ！
あぁなるほど！

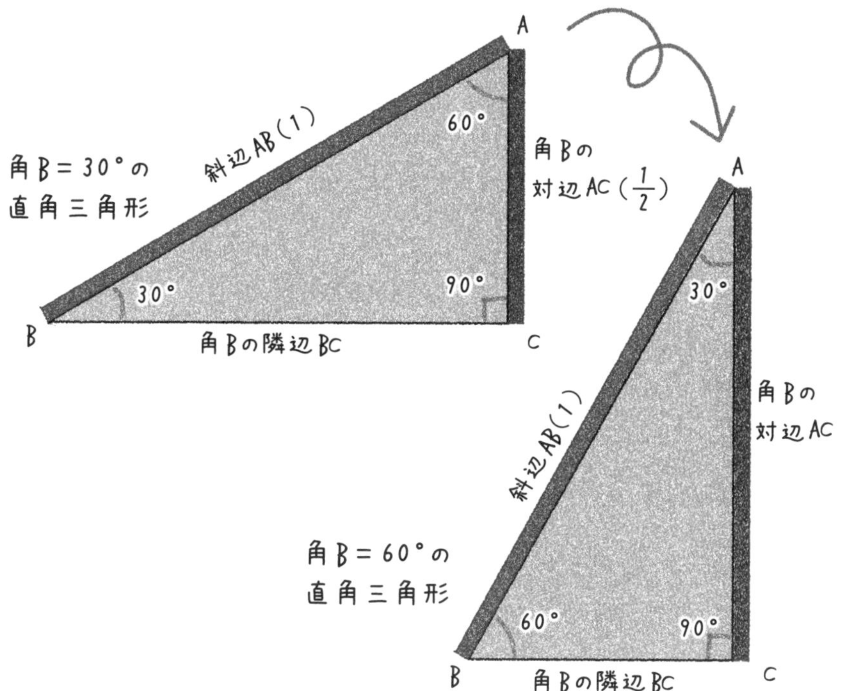

角B＝30°の直角三角形と見くらべてください。角B＝60°の直角三角形の斜辺を1とすると，60°の直角三角形の**隣辺BCが$\frac{1}{2}$**になりますね。ピタゴラスの定理から，60°の直角三角形の対辺は次のようにして求めることができます。

ピタゴラスの定理から

$$斜辺AB^2 = 対辺AC^2 + 隣辺BC^2$$

$$1^2 = 対辺AC^2 + \left(\frac{1}{2}\right)^2$$

$$対辺AC^2 = 1 - \frac{1}{4}$$

$$対辺AC^2 = \frac{3}{4}$$

よって　$$対辺AC = \frac{\sqrt{3}}{2}$$

だから　$$\frac{対辺AC}{斜辺AB} = \frac{\sqrt{3}}{2} \div 1 = \frac{\sqrt{3}}{2}$$

はい。というわけで，$\sin 60° = \frac{\sqrt{3}}{2}$です！
これは約0.87です。

$$\sin 60° = \frac{\sqrt{3}}{2}$$

角度とともに大きくなっていくサイン

ここまで三つの角度の**sin**の値を調べてみました。θと**sin**の値にはどんな関係がありましたか？

うーん，**θが大きくなるほど，sinの値はどんどん大きくなりました。**sin30°のときは0.5，sin45°のときは約0.71，sin60°のときは約0.87でしたから。

θ	$\sin\theta$
30°	$\frac{1}{2}$（＝0.5）
45°	$\frac{1}{\sqrt{2}}$（≒0.71）
60°	$\frac{\sqrt{3}}{2}$（≒0.87）

そうですね。じゃあ三つの直角三角形を重ねてえがいてみましょう。斜辺の長さをすべて1にして角度を変えた直角三角形を，半径1の円の中にえがいてみます。

はい。

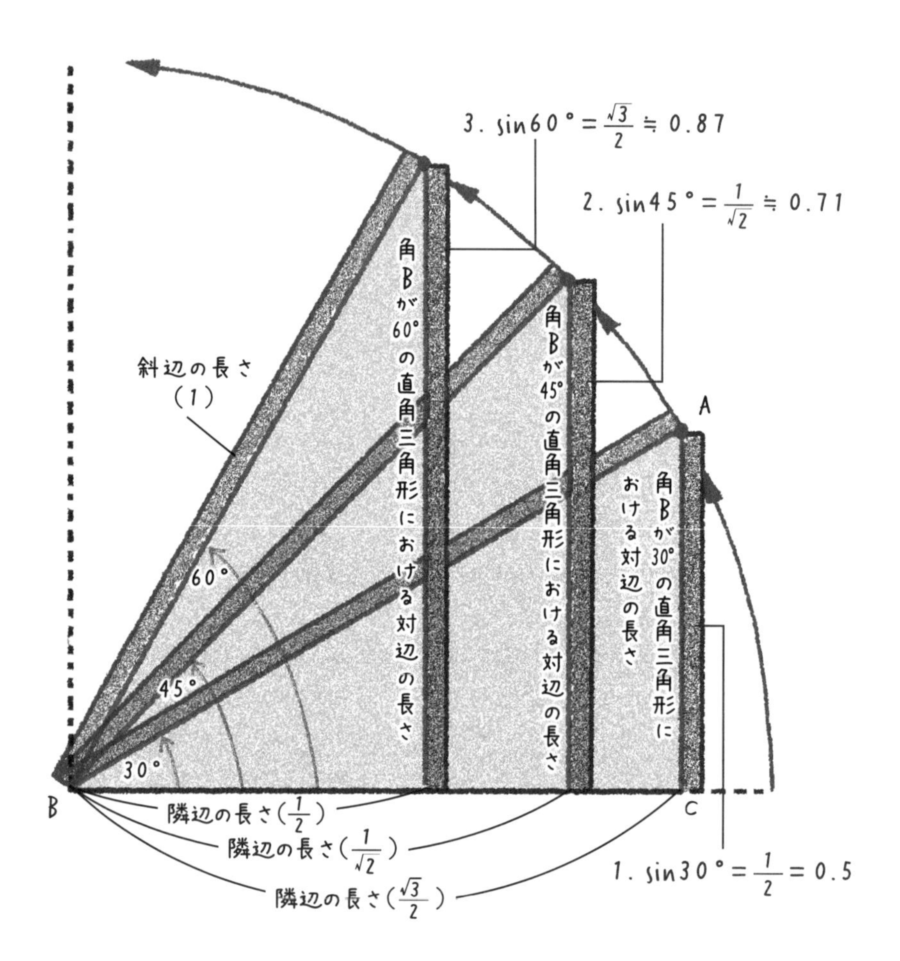
3. $\sin 60° = \frac{\sqrt{3}}{2} ≒ 0.87$
2. $\sin 45° = \frac{1}{\sqrt{2}} ≒ 0.71$
1. $\sin 30° = \frac{1}{2} = 0.5$
角Bが60°の直角三角形における対辺の長さ
角Bが45°の直角三角形における対辺の長さ
角Bが30°の直角三角形における対辺の長さ
斜辺の長さ（1）
A
B
C
60°
45°
30°
隣辺の長さ（$\frac{1}{2}$）
隣辺の長さ（$\frac{1}{\sqrt{2}}$）
隣辺の長さ（$\frac{\sqrt{3}}{2}$）

サインは $\dfrac{\text{対辺}}{\text{斜辺}}$ ですから，**斜辺の長さが1のときは，サインは対辺の長さと同じになります。**
では，θ が0に近づくと，$\sin\theta$ の値はどうなると思いますか。

左のイラストを見ると，対辺ACがどんどん小さくなって，0に近づいていくと思います。

そうですね。じゃあ逆に θ が90°に近づくとどうですか？

θ が90°に近づくにしたがって対辺ACは，1に近づいていくから，サインの値も1に近づいていくんじゃないでしょうか。

大正解！
その通りです。**サインは0°から90°の間で，0から1へと変化していくのです。**

ふふっ予想通りです！（冷や汗）

いろんな角度に対するサインの値をいつでも確認できると便利なので，古代ギリシアでは θ とそれに対するサイン（弦）の値を記した三角関数の表のようなものがつくられました。今なら関数電卓や表計算ソフトなどを使って簡単に求められますが，昔はそんなに手軽にはわからなかったのです。

ソーラーパネルをかしこく設置

サインについて，なんとなくわかった気がします。
でもサインの値なんて，何の役に立つんですか？

ではサインをより身近に感じるために，問題に挑戦してみましょう。**ソーラーパネル**を題材にしてみますね。

ソーラーパネルって，太陽光で発電するやつですよね。
最近よく見かけます！
家の屋根に設置されていたり，空き地だったところに設置されていたり。

このソーラーパネル，実は，**設置する角度**が重要なんです。

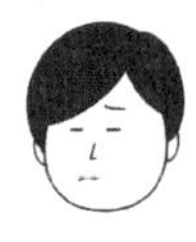

角度？
ソーラーパネルなんてハイテク装置，適当に設置しても大丈夫でしょ！

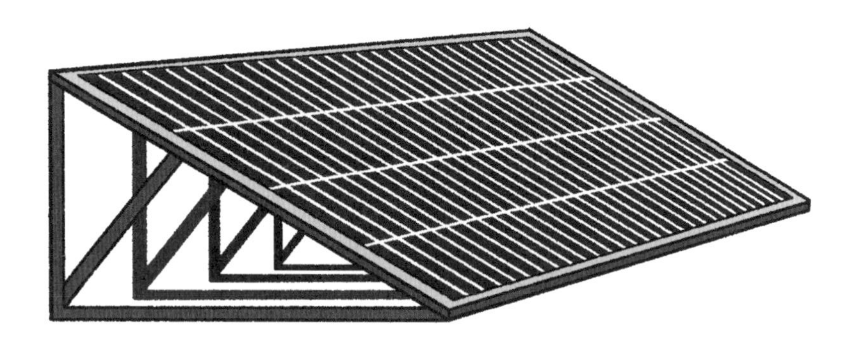

まったくそんなことはありません！

ソーラーパネルは基本的に，太陽光に対して垂直に設置されているときに，最も効率よく日光を受け取ることができます。
とはいえ緯度によって太陽光がさす角度は変わります。
そこでたとえば東京では，ソーラーパネルを地面に対して30°に設置すると，最も効率よく発電できるといわれています。

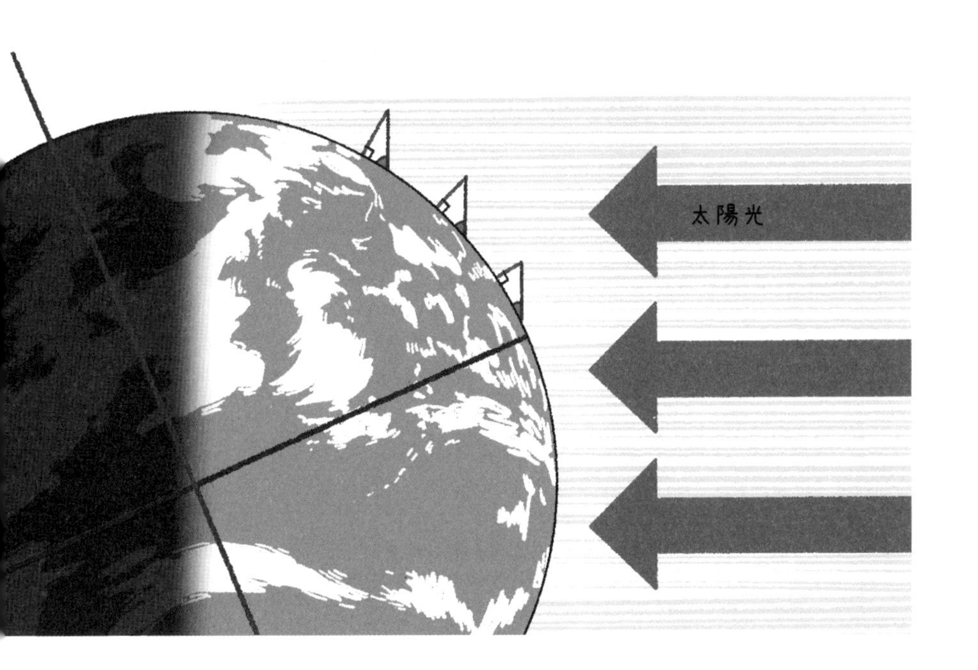

ふむふむ。

それでは，ここで問題です。縦幅が1メートルのソーラーパネルを30°で設置する場合，何センチメートルの支柱を用意すればよいでしょうか。

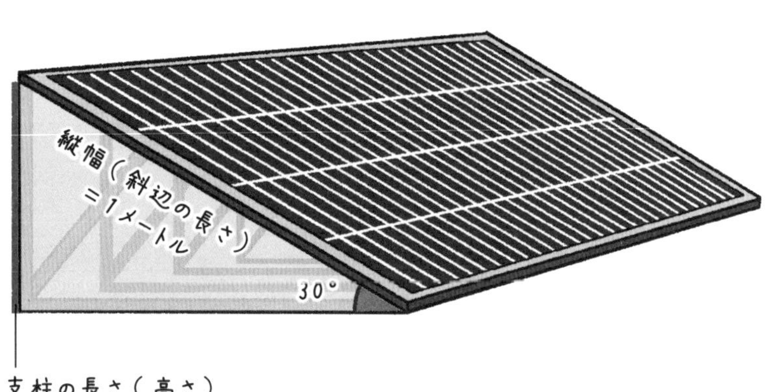

うーん，なんとなく図からして，30センチメートルくらいです!!

当てずっぽうですか……。

ここでサインを使うんです！　ソーラーパネルを横から見ると，**直角三角形**になっていますよね。

たしかに直角三角形になっていますが，サインをどう使えばよいのか，**まったくわかりません。**

サインの公式を思い出してください。
ソーラーパネルの直角三角形にサインの公式を当てはめると，次のような式が成り立ちますよね。

$$\sin 30° = \frac{\text{高さ}}{\text{斜辺の長さ}}$$

これを変形すると高さ，つまり支柱の長さが次のように求められます。

$$\sin 30° = \frac{\text{高さ}}{\text{斜辺の長さ}}$$

$$\begin{aligned}\text{高さ} &= \text{斜辺の長さ} \times \sin 30° \\ &= 1 \times \sin 30° \\ &= 1 \times \frac{1}{2} = 0.5\end{aligned}$$

はい，というわけで**50センチメートル**が正解でした。ちなみに同じ日本でも地域によって太陽の高度は変わるので，パネルの最適な設置角度も異なってきます。北になるほど太陽の高度は低くなるので，北緯43度の札幌では35°，北緯26度の那覇だと20°が適切だとされているんですよ。

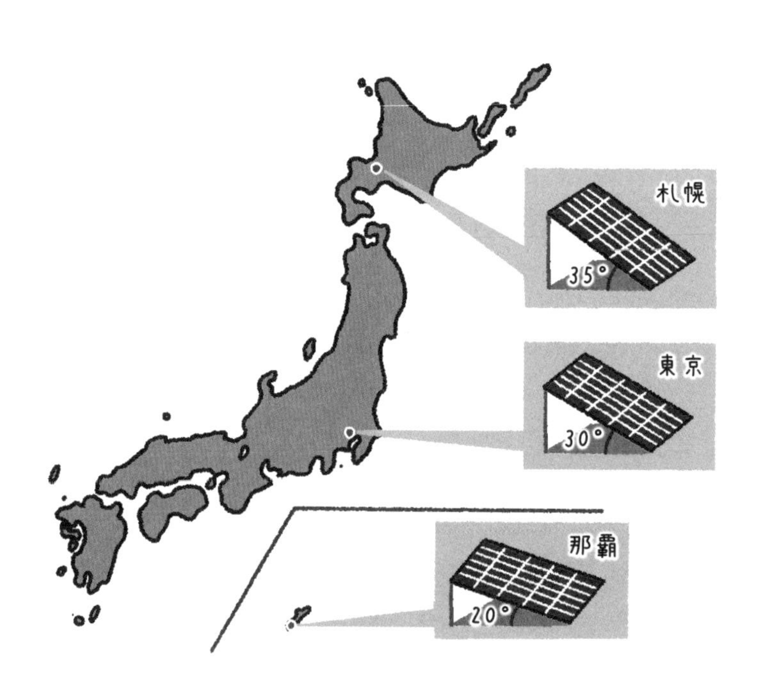

へえ知らなかったです。電気を効率よくつくるためには，その土地に合わせて設置することが大切なんですね。**これでどこに行ってもソーラーパネルの設置は怖くない！**

バッチリですよ！
（そんなに設置する機会があるのかな……。）

糸電話の糸の長さを考えよう！

もう，サインについてはほぼ習得できたでしょうから，一つ問題に挑戦してみましょう！

えっ，いや，まだ**ごめんなサイン**って感じですが……。

……。
それじゃあ**次の問題**を解いてみてください。

問題

海岸の近くに丘があります。海岸から丘の頂上を見上げると，その角度は35°でした。頂上の標高は500メートルです。

丘の頂上と海岸とで連絡をとるために，糸電話をつくります。糸をピンと張って頂上と海岸で連絡をとるには，何メートルの糸で糸電話をつくる必要があるでしょうか？

$\sin 35° = 0.57$ とします。

なんだか，ずいぶん**ムチャな設定**ですね……。

まぁまぁ，とりあえずがんばって解いてみてください。

うーん，糸の長さっていうのは，直角三角形の**斜辺の長さ**のことなんですよね？

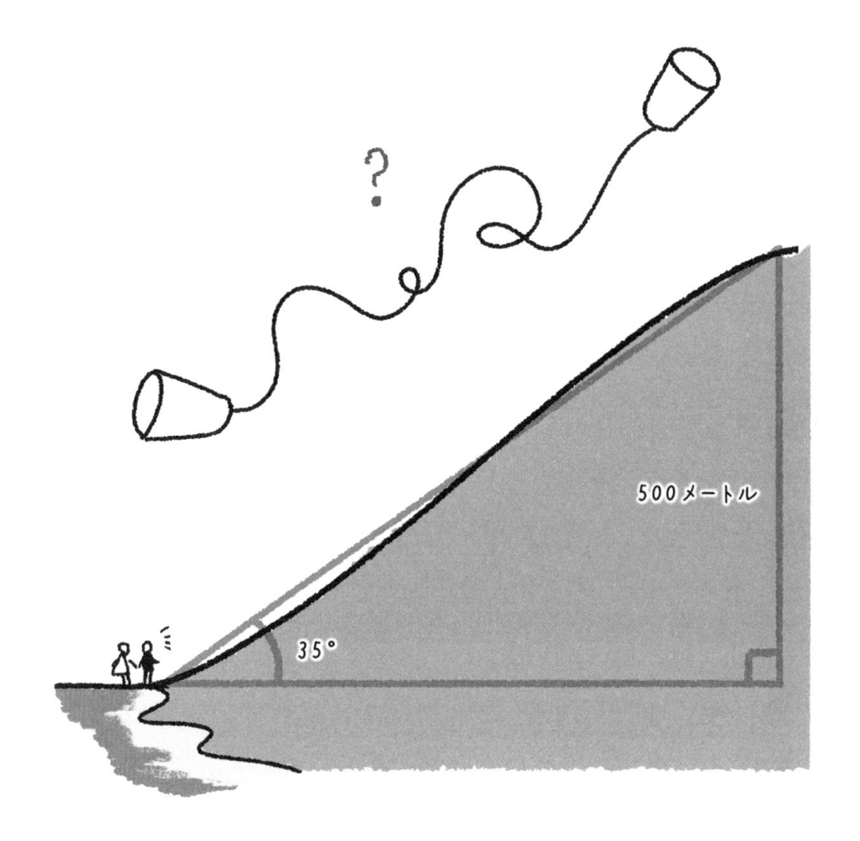

ええ，その通りです。

つまり，**斜辺の長さ**がわからないんですね。
それで**35°の角度**に注目すると，**頂上の標高**は，直角三角形の**対辺の長さ**のことですね。

うんうん。

さっきのソーラーパネルのときみたいに，**サインの式**を書いてみますね。

$$\sin 35° = \frac{対辺}{斜辺}$$

それで，うーん……（助け船を求める目）。

もうここまでこれたら，あとは**ヨユー**ですよ！
先ほどの式を**斜辺＝**の形になるように変形してから，値を代入してください。

やってみます！

$$\sin 35° = \frac{対辺}{斜辺}$$

$$斜辺 = \frac{対辺}{\sin 35°}$$

ここに $\sin 35° = 0.57$ と $対辺 = 500$ を代入

$$斜辺 = 500 \div 0.57 \fallingdotseq 877$$

およそ877メートルでしょうか？

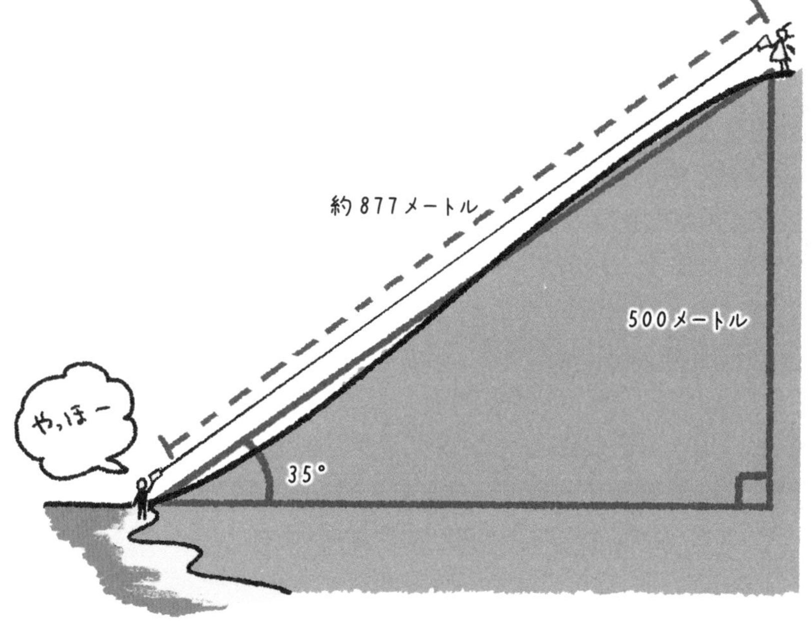

はい，大正解!!
完璧です。

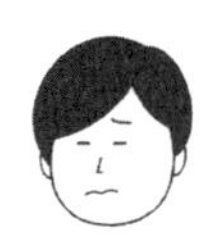

いやー，こんな長い糸電話って，うまく聞こえるんですか？

うーん，どうなんでしょう。
むずかしいんじゃないですかね……。

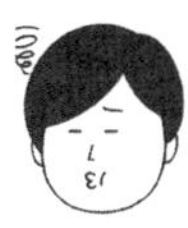

えぇっ!? 元も子もない！

コサインって何？

二つ目に紹介する三角関数は，コサインです。コサインとは何でしょうか。そして，角度が変わると，コサインはどのように変化していくのでしょうか。

コサインの基本

サインの値の変化を調べたり，実際の問題を解いたりしたので，サインについてはもう余裕です！
次の関数についても教えてください！

やる気十分ですね！
それでは次は**コサイン**という三角関数についてみていきましょう。コサインの英語のつづりは**cosine**，数学の記号では**cos**と書きます。そして日本語では**余弦**といいます。

よげん……。

サインと同じように，次のような直角三角形を考えます。このときコサインは，$\dfrac{\text{隣辺BC}}{\text{斜辺AB}}$ のことになります！
そしてサインと同じように，角度が θ のときのコサインは，$\cos\theta$ と書くんですよ。

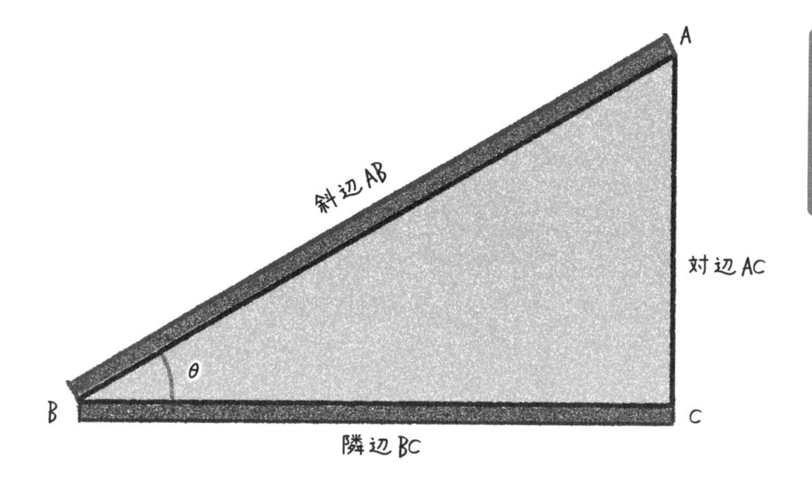

ポイント!

$$\cos\theta = \frac{隣辺BC}{斜辺AB}$$

ほぉ。
コサインもサインと似てますけど，**サインとは辺の組み合わせが変わるんですね。**
でも，どっちがサインで，どっちがコサインか，まったく覚えられません。サインのときのように，**コサインの覚え方**はないんですか？

ふふふ，ありますよ！

直角三角形にコサインの頭文字のcを重ねて書いて覚えるんです！　**斜辺と角Bの隣辺は，cで結べます。**だから，cから始まるコサインは，$\frac{隣辺}{斜辺}$と覚えられます。

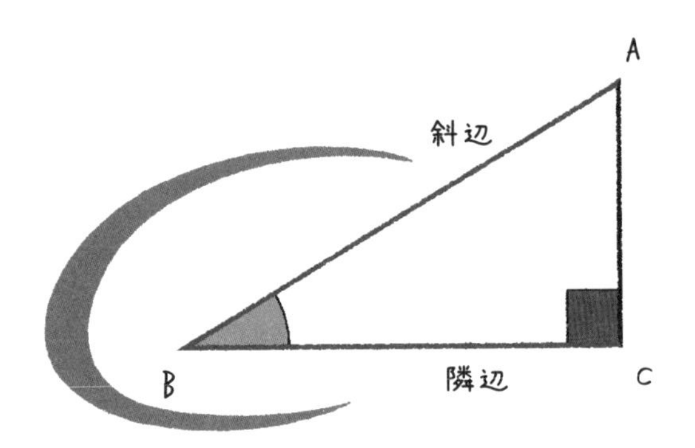

コサインも頭文字のcで覚えられるんですか。

なんだか，おもしろいですね。

そうですね。それでは，コサインの値もいくつか求めてみましょう。まずは，θが30°のときです。角B＝30°，斜辺AB＝1の直角三角形を使って，$\cos 30°$の値を求めてみてください。

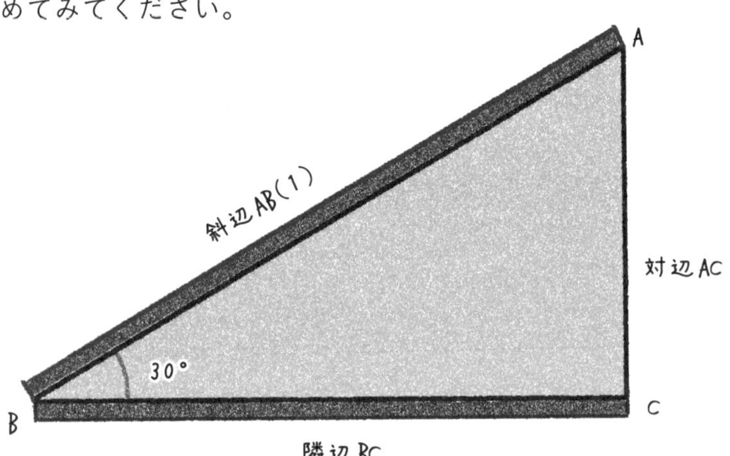

っしゃ！
ヒントください。

サインのときに，30°の直角三角形の**対辺ACは$\frac{1}{2}$**ってやりましたよね。斜辺の長さは1なわけですから，隣辺の長さはピタゴラスの定理から計算できますよね。

えっ……。
やってみます……。

$$斜辺AB^2 = 対辺AC^2 + 隣辺BC^2$$

$$1^2 = \left(\frac{1}{2}\right)^2 + 隣辺BC^2$$

$$隣辺BC^2 = 1 - \frac{1}{4}$$

$$隣辺BC^2 = \frac{3}{4}$$

$$隣辺BC = \frac{\sqrt{3}}{2}$$

$$\frac{隣辺BC}{斜辺AB} = \frac{\sqrt{3}}{2} \div 1 = \frac{\sqrt{3}}{2}$$

$\cos 30° = \frac{\sqrt{3}}{2}$でしょうか。

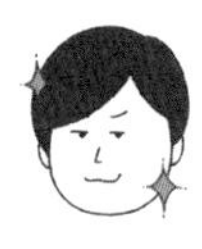

はい，お見事！

正解です。$\frac{\sqrt{3}}{2}$はおよそ0.71です。

うぉっしゃー！

だいぶ本来の力が出てきました！

では，次に，$\theta = 45°$のときはどうなりますか？

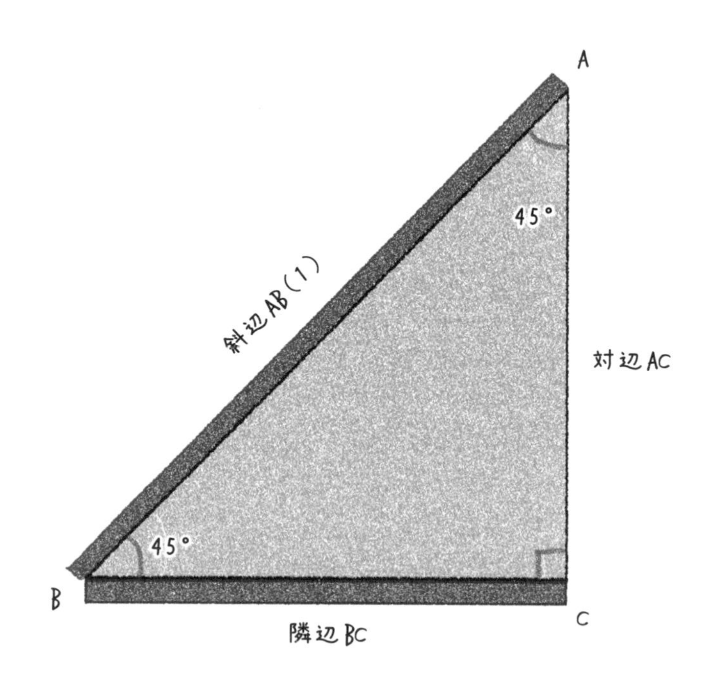

ずばり……，わかりません！

ええ……。

θが45°のときは，サインのときと同じように考えればいいんです！

まず，角Bが45°のとき，角Aも45°で直角二等辺三角形ですよね。つまり，**対辺ACと隣辺BC**が同じになるわけです。なので，**ピタゴラスの定理**を使えば，**隣辺の長さ**が簡単に求められますよね。

$$斜辺AB^2 = 対辺AC^2 + 隣辺BC^2$$

直角二等辺三角形だから，対辺AC＝隣辺BC

よって，

$$斜辺AB^2 = 隣辺BC^2 \times 2$$

$$\frac{隣辺BC^2}{斜辺AB^2} = \frac{1}{2}$$

よって，

$$\frac{隣辺BC}{斜辺AB} = \frac{1}{\sqrt{2}}$$

はい，というわけで $\cos 45^\circ = \frac{1}{\sqrt{2}}$ です。

サインのときも同じ値だったような……。

そうですね！

45°の直角二等辺三角形は，対辺と隣辺の長さが同じなので，$\sin 45^\circ\left(\frac{\text{対辺AC}}{\text{斜辺AB}}\right)$と，$\cos 45^\circ\left(\frac{\text{隣辺BC}}{\text{斜辺AB}}\right)$が同じになるんですね。

では最後に**角B＝60°**のときも求めてみましょう。

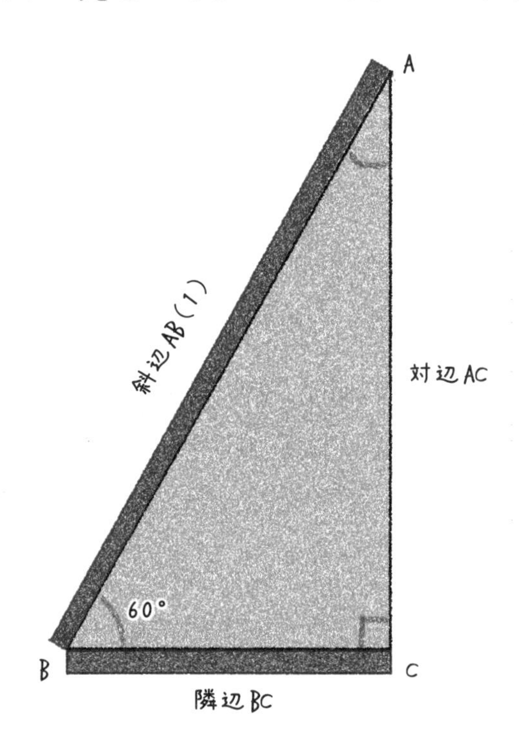

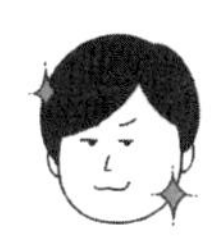

これは簡単です！

さっきやった**30°の直角三角形の対辺ACが，60°の直角三角形の隣辺BCと同じになるわけですよね！**

だから隣辺BCの長さは$\frac{1}{2}$です！

つまり$\cos 60° = \frac{隣辺BC}{斜辺AB} = \frac{1}{2} \div 1$で，$\frac{1}{2}$です!!

完璧です！

コサインは，角度と反対に小さくなる

では，ここからは，θが大きくなると，$\cos\theta$がどのように変化するかを考えてみましょうか。

θが大きくなると，$\cos\theta$は，どんどん小さくなると思います。 $\theta = 30°$，45°，60°のときに，

$\cos\theta$の値は0.87，0.71，0.5となっていますから。

θ	$\cos\theta$
30°	$\frac{\sqrt{3}}{2}$（≒0.87）
45°	$\frac{1}{\sqrt{2}}$（≒0.71）
60°	$\frac{1}{2}$（＝0.5）

その通りです。

ではこれらの直角三角形をまた重ねて書いてみましょう。

斜辺の長さを1とすると，コサイン（$\frac{隣辺}{斜辺}$）の値は，隣辺の長さと同じになりますよ。

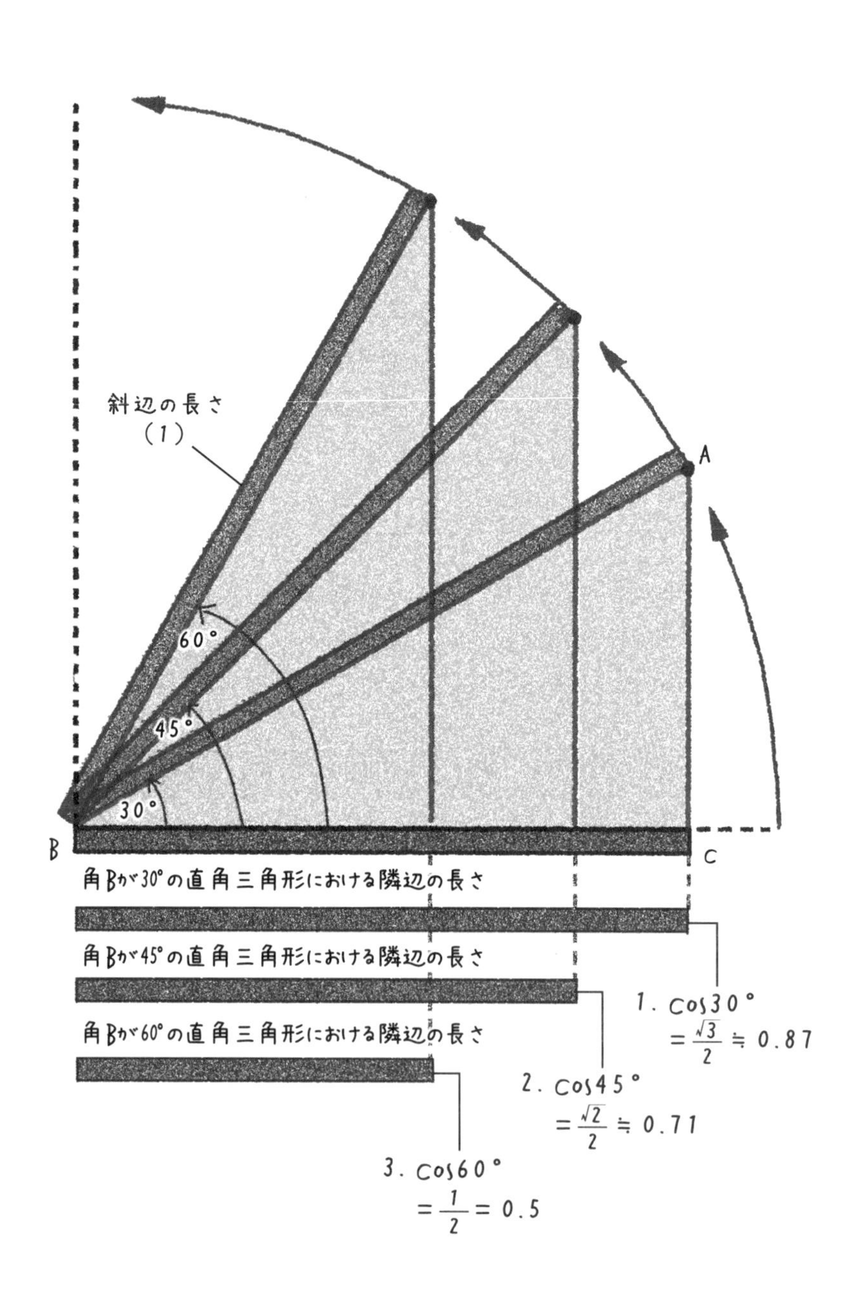

まず，θ が0に近づくと，$\cos\theta$ の値はどうなると思いますか？

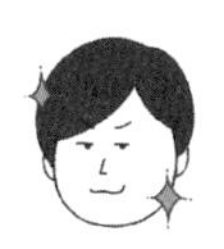

隣辺BCの長さがどんどん1に近づくので，$\cos\theta$ の値も1に近づくと思います。

その通りです！　調子出てきましたね。
では，逆に θ が90°に近づくとどうでしょうか？

うーん……。
隣辺BCが0に近づくので，$\cos\theta$ の値も0に近づくと思います。
あっそうか，サインのときとは逆なんですね！

そうなんです。コサインとサインは逆の向きに変化をするのです！

なるほどぉー。

コサインを駆使した伊能忠敬

サインのときはソーラーパネルの例を考えましたけど，**コサイン**はどんなときに使えるのでしょうか。

日本には，コサインを駆使して偉業を成し遂げた有名な人物がいますよ。

えっ，誰ですか？

伊能忠敬です。

伊能忠敬
（1745～1818）

あぁ！　社会の時間に習ったような気がします。
伊能忠敬って，たしか**日本地図**をつくった人ですよね。
何のためにコサインを使ったのですか？

それは，ずばり，**正確な地図**をつくるためです。

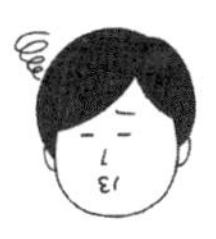

いや，なぜ日本地図にコサインが必要なんでしょうか？

伊能忠敬は，江戸時代に17年もかけて日本中を歩いて距離を測り，日本ではじめて測量による正確な地図をつくり上げました。そのときに問題になったのが，**上り坂**とか**下り坂**です。

坂は，その辺にいくらでもあると思いますが。
何が問題なんですか？

単に巻尺なんかで**斜面上の距離**を測ると，地図上の距離，すなわち**水平距離**とはちがう値になってしまうんです。
勾配が急なほど，巻尺で測った距離が水平距離よりも長くなってしまうはずです。

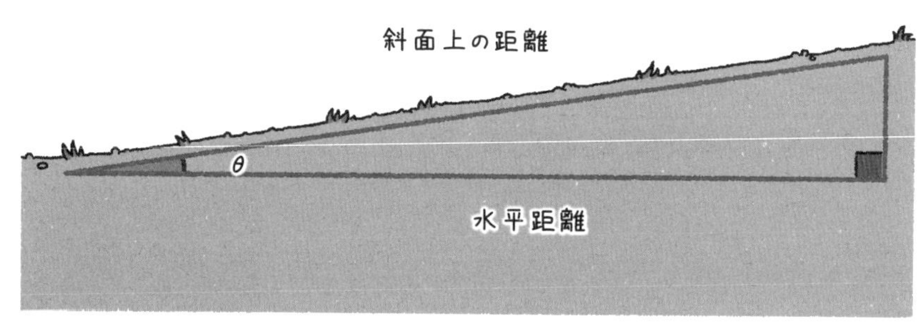

坂の断面

なるほど。

ここで**コサインの出番**なんです。伊能忠敬は，地面の傾斜を測定して正しい水平距離を求めたんですよ。

どうやったんですか？

では先ほどの図を見てください。

これは傾斜のある地面の断面図です。ここでは，

$\cos\theta = \frac{\text{水平距離}}{\text{斜面上の距離}}$ ですよね。だから，水平距離 ＝ 斜面上の距離 × $\cos\theta$になるんです。

確かに！

斜面上の距離と$\cos\theta$の値がわかっていれば，水平距離が出せますね！ でも，坂道の角度ってさまざまですよね。全部30°とか45°ってわけでもないし。そもそも30°とか45°以外のコサインの値ってどうやってわかるんですか？

伊能忠敬は**象限儀**という道具を使って角度を測っていたようです。大きな分度器のようなものですね。

ふむふむ。

まず象限儀で傾斜角を測定します。そしてその角度に対するコサインの値を，斜面上の距離にかけ合わせることで，水平距離を求めたというわけなんです。

そんなめんどくさそうなことを繰り返して，日本地図をつくりあげたんですか。僕にはとても真似できません……。そういえば，角度は測定できても，コサインの値はどうやって知ったのですか？

30°や45°だけでなく，もっと細かい角度の値もうまく計算すればわかります。伊能忠敬は，**八線表**という書物を持ち歩いていたそうです。この書物には，さまざまな角度のコサインなどの値が表として掲載されていたんです。

へえ，江戸時代の日本にもそんな便利なものがあったんですね！

すべり台を設計しよう！

コサインの総仕上げに，サインのときと同じように**問題**に挑戦してみましょうね。

は，はい……。

では，すべり台を題材にした次の問題を解いてみてください。

問題

公園に新しくすべり台をつくることになりました。公園の広さの関係で，新しいすべり台はすべる部分の水平距離を3メートルにしなければなりません（イラスト）。すべる部分の角度は30°と決まっています。

さて，すべる部分の長さは，何メートルで設計する必要があるでしょうか？

$\cos 30° = 0.87$とします。

えーっと，今回も直角三角形で考えると，斜辺がわからないわけですね。それで，隣辺がわかっていると。

ええ，その通りです。斜辺と隣辺が登場するわけですから，なんとなくコサインの出番だって気がするでしょ。

ふむ。では，コサインの式を書いてみます。

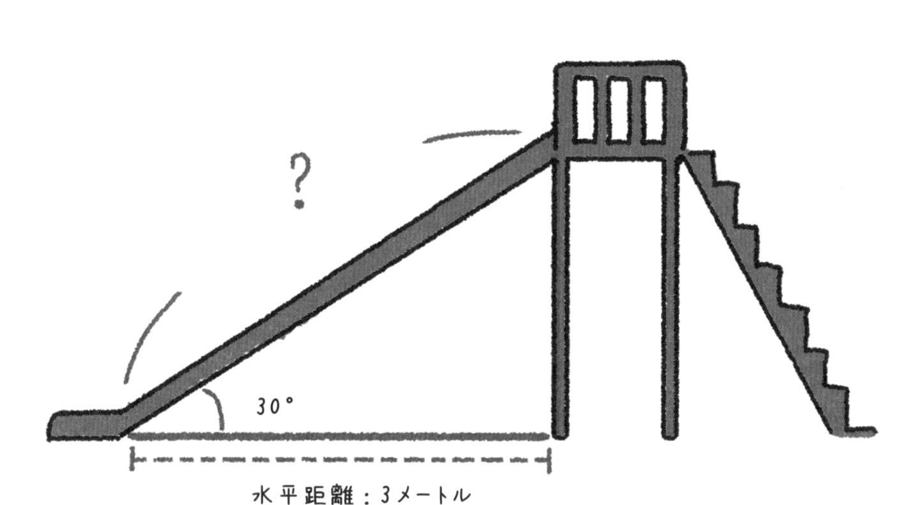

$$\cos 30° = \frac{\text{隣辺}}{\text{斜辺}}$$

サインの問題のときのように，斜辺＝の形に変形してみますね。

$$\cos 30° = \frac{\text{隣辺}}{\text{斜辺}}$$

$$\text{斜辺} = \frac{\text{隣辺}}{\cos 30°}$$

隣辺 $= 3$，$\cos 30° = 0.87$を代入

$$\text{斜辺} = 3 \div 0.87 \fallingdotseq 3.4$$

出ました！　約3.4メートルでしょうか？

はい，正解です！
これでコサインも習得できましたね。
いよいよ次が，この本で紹介する最後の三角関数です。

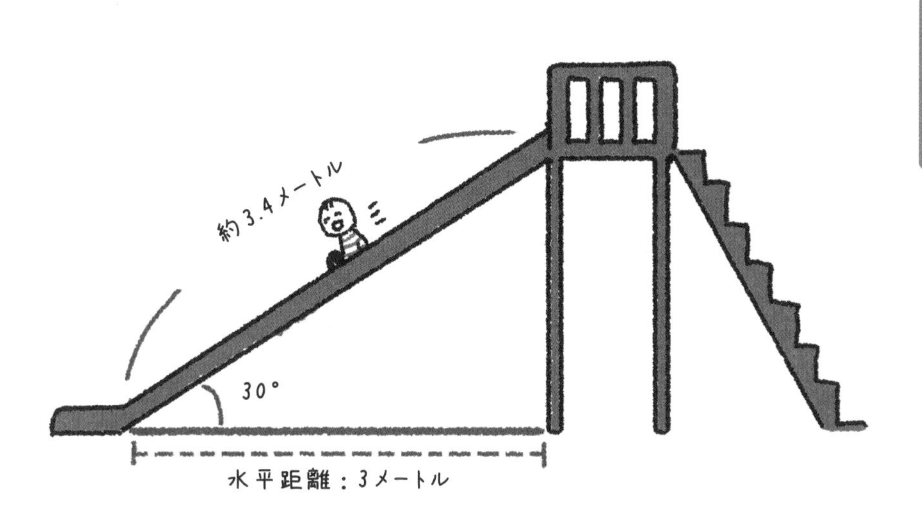
約3.4メートル
30°
水平距離：3メートル

タンジェントって何？

STEP3では，三つ目の三角関数，タンジェントについて見てみましょう。タンジェントとは何で，どのように変化していくのでしょうか。

タンジェントの基本

ついにラストですね！

それじゃあ三つ目の三角関数を紹介しましょう。三つ目はタンジェントです。英語のつづりは**tangent**です。数学の記号では**tan**です。日本語では**正接**とよばれます。

せいせつ……。

タンジェントも**直角三角形**で見てみましょう。次のような直角三角形で，タンジェントは，$\frac{\text{対辺AC}}{\text{隣辺BC}}$のことです！　角度が$\theta$のときは，$\tan\theta$と書きます。

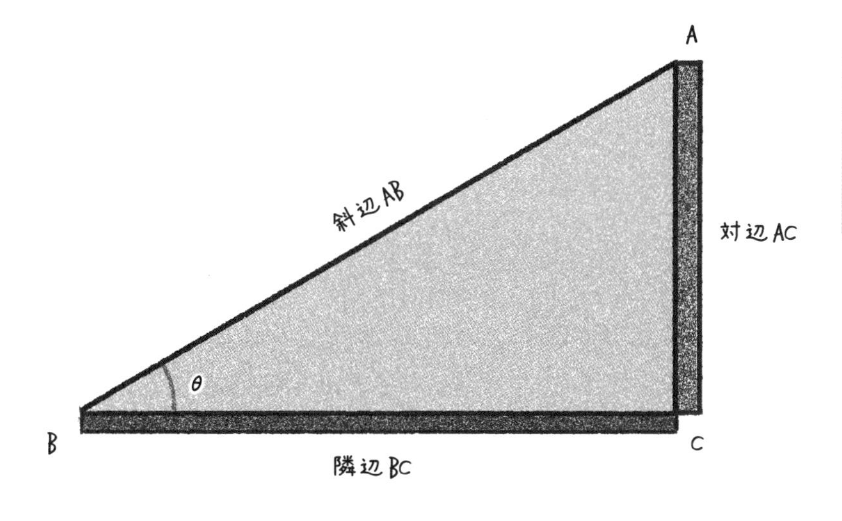

ポイント！

$$\tan\theta = \frac{\text{対辺AC}}{\text{隣辺BC}}$$

タンジェントにも**覚え方**はあるんですか？

ええ，ありますよ！
筆記体のtを直角三角形に重ねて書くんです。

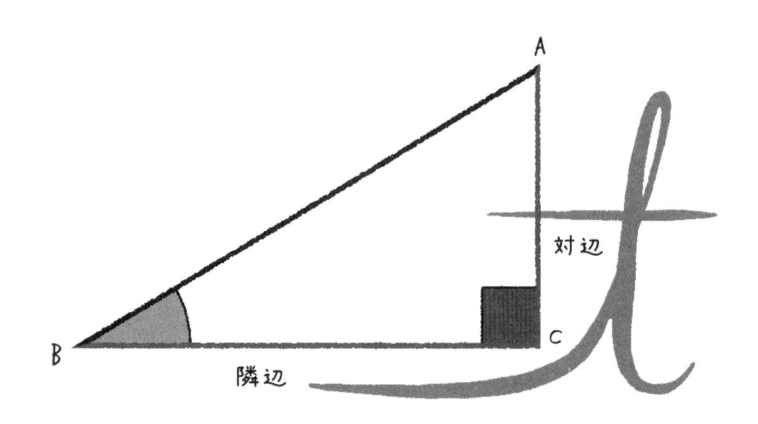

なるほど，（なぞりながら）

「**隣辺ぶんの〜対辺**」ってわけですね。

三角関数の辺の組み合わせが，筆記体の書き方と一致していて本当によかったです。暗記方法がなかったらまったく覚えられませんでした。

ははは，よかったですね。

じゃあ，タンジェントの値もサインやコサインと同じように求めてみましょうか。

はい。

まずは，$\theta = 30°$のときはどうでしょう。

斜辺AB＝1の直角三角形で考えてみてください。

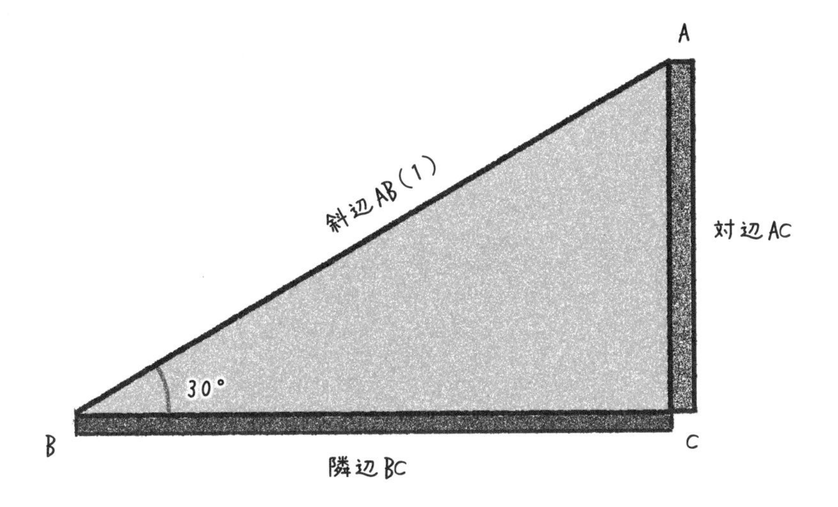

えーっと，タンジェントは，**対辺**と**隣辺**の長さが必要なんですね……。

その通りです。どちらも今までに一度求めましたよね。

そうか！　ちょっと前のページを見てきます！　……。
$\theta = 30°$ のときの**対辺AC**はサインのときに求めて，$\frac{1}{2}$ でした。
隣辺BCはコサインのときに求めて，$\frac{\sqrt{3}}{2}$ でした。

そうですね。ということは**tan**30°はいくらでしょうか？

$\frac{対辺AC}{隣辺BC} = \frac{1}{2} \div \frac{\sqrt{3}}{2} = \frac{1}{\sqrt{3}}$ ですから，**$\tan 30° = \frac{1}{\sqrt{3}}$** でしょうか。

はい，大正解です！

$\frac{1}{\sqrt{3}}$ は約0.58です。

では次に45°のときを考えてみましょう。

$\theta = 45°$ の直角三角形は，**直角二等辺三角形**ということがポイントですよ。

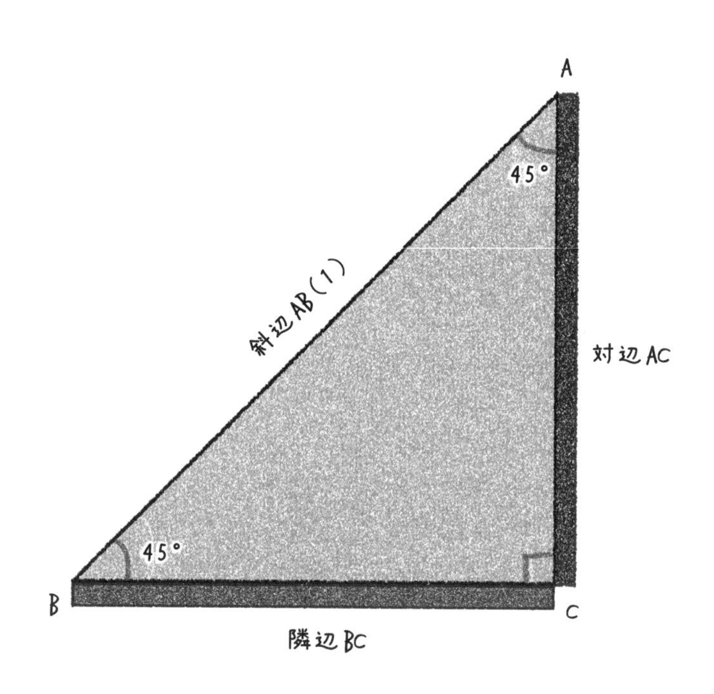

45°のときは，直角二等辺三角形なので，**対辺AC＝隣辺BC**となるんですね。ということは $\frac{対辺}{隣辺} = 1$ だから，**$\tan 45° = 1$** です。

その通りです。

では $\theta = 60°$ のときはどうでしょう。

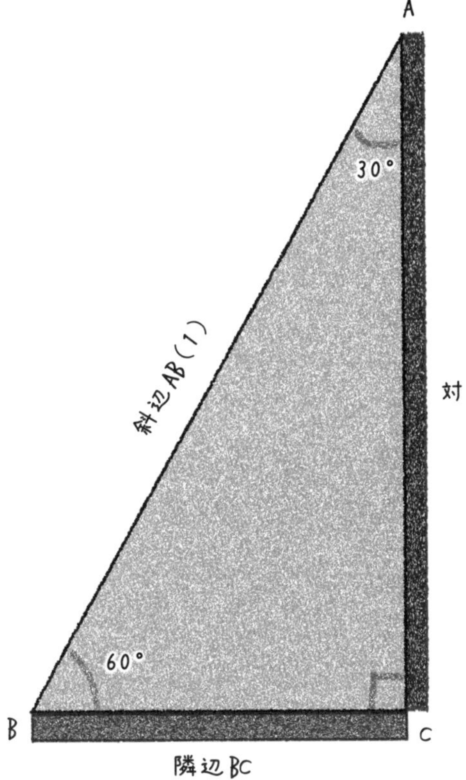

これも，サインとコサインのときに求めましたね。
前のページを見ると**対辺AC＝$\frac{\sqrt{3}}{2}$**，
隣辺BC＝$\frac{1}{2}$でした。
$\frac{対辺}{隣辺} = \frac{\sqrt{3}}{2} \div \frac{1}{2} = \sqrt{3}$なので，**$\tan 60° = \sqrt{3}$**です！

いいですね。**$\sqrt{3}$**は**約1.73**になります。

タンジェントの値は無限大に大きくなる

先生，やっぱり，タンジェントもどのように変化するのか調べるんですよね？

そうですね。どのように変化すると思いますか？

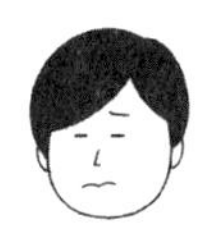

えーっと，さっき計算したタンジェントの値を見てみると，30°のときは約0.58，45°のときは1，60°のときは約1.73です。だから**θが大きくなると，タンジェントの値も大きくなるんじゃないでしょうか。**

θ	$\tan\theta$
30°	$\frac{1}{\sqrt{3}}$（≒0.58）
45°	1
60°	$\sqrt{3}$（≒1.73）

そうですね。では，また三つの直角三角形を重ねて書いてみましょう。
このとき，分母が1だとわかりやすいので，隣辺の長さをすべて1にしましょう。すると，**タンジェントの値は，対辺の長さと等しくなります。**

なるほど。

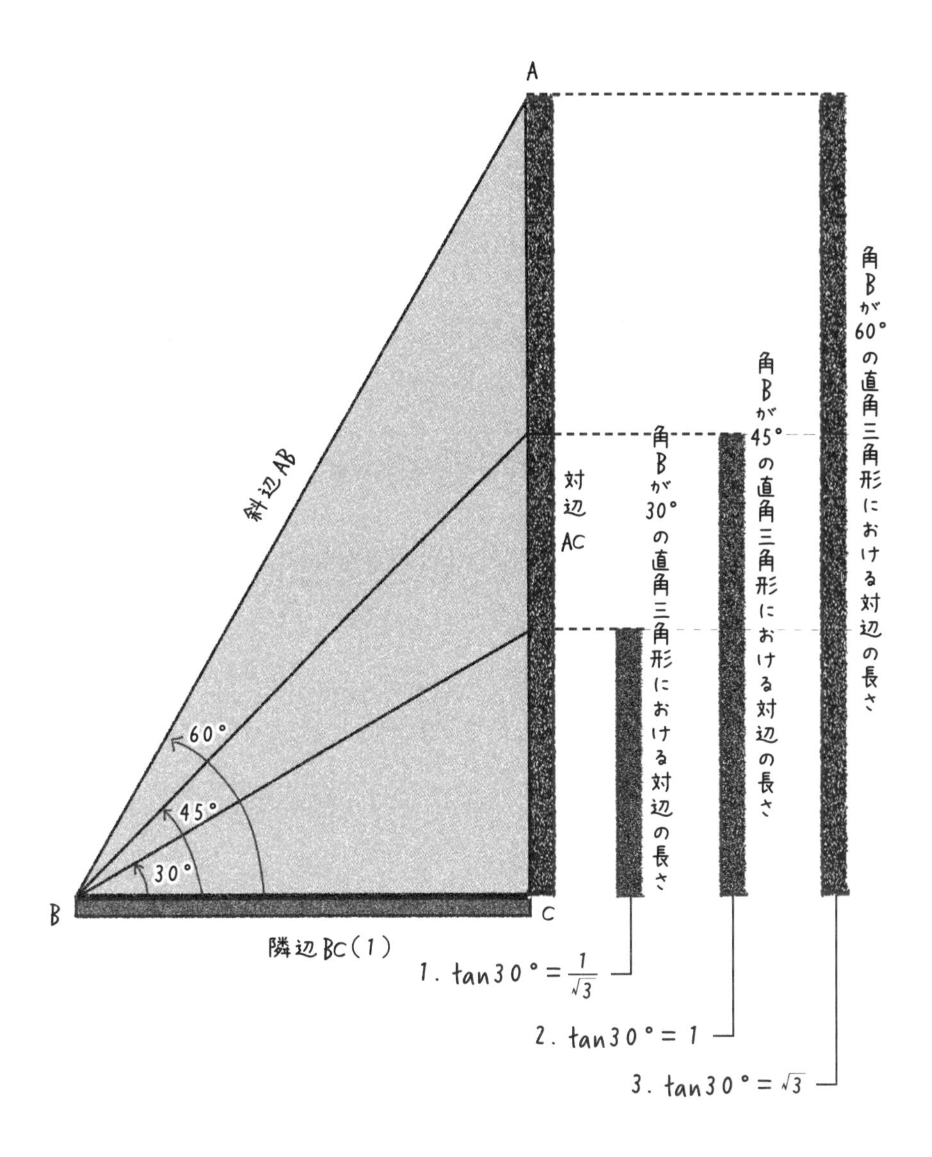

A
B
C
斜辺AB
対辺AC
隣辺BC(1)
60°
45°
30°
角Bが30°の直角三角形における対辺の長さ
角Bが45°の直角三角形における対辺の長さ
角Bが60°の直角三角形における対辺の長さ
1. tan30°= 1/√3
2. tan30°= 1
3. tan30°= √3

では，θ が0に近づくとタンジェントの値はどうなりますか。

θ が0に近づくと，対辺の長さが小さくなっていくので，タンジェントの値も0に近づくと思います。

その通りです。
では逆に θ が90°に近づくとタンジェントはどうなりますか？

えーっと，**θ が90°に近づくと，対辺の長さがどんどん大きくなっていくから，タンジェントの値も大きくなるんじゃないでしょうか。**
うーん，でもどこまで大きくなるんでしょうか？

実は，**θ が90°に近づくと，タンジェントの値はどこまでも大きくなるんですよ。**

えっ，無限大ってことですか？

そうですよ。
サインとコサインは0から1の間で変化するんですけど，**タンジェントは0から無限大の間で変化するんです。**

タンジェントは，どこまでも大きくなれるんですねぇ。

そうなんです。そこが，サインやコサインとはちょっとちがいますね。

タンジェントでスロープをつくる

先生，タンジェントもどういうときに使えるのかを教えてください。

お，やる気満々ですね。では身近にあるタンジェントを探してみましょう。タンジェントは，意外といろんなところで使われているんですよ。たとえばこんな標識を見たことがありますか？

えーっと，**坂道**があるっていう標識です！

では，**10%**っていうのは？

坂を駆け上がるのに，**体力の10%**を使うっていうことです！

えーっと……。
これはたとえば**100メートル進んだときに，その10％，つまり10メートル登るような勾配をもつ坂道**という意味なんです。

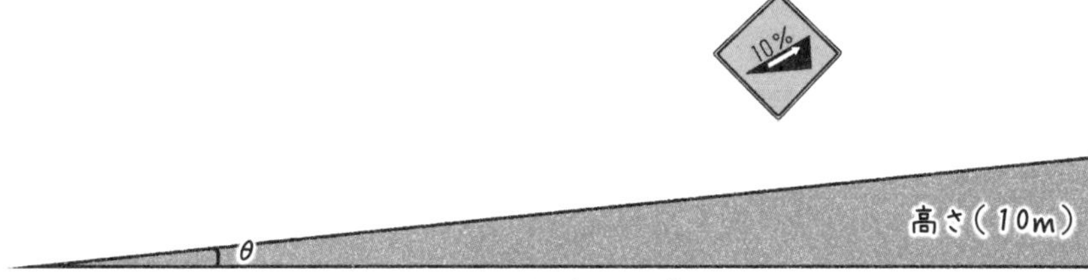

ふむふむ。それでこれがなんでタンジェントと関係があるんですか？

10％という値は，$\frac{\text{高さ}}{\text{坂の水平距離}}$のことですね。

これは，直角三角形でいう$\frac{\text{対辺}}{\text{隣辺}}$になります。つまりタンジェントのことなんです。

10％は0.1ですから，先ほどの標識の坂では
$\tan\theta = 0.1$ということです。

うむむむ。
なんだかややこしい。

ちなみに，$\tan\theta = 0.1$となるのは，手元の電卓で計算すると，だいたいθが5.7°のときですね。

はぁ。

いまひとつ納得いってないようなので，別の例も紹介しましょう。
駅とかには，車いすなどのためのスロープがありますよね。

バリアフリーですね！
うちの最寄り駅にも階段の横にスロープがあります。

このスロープをつくるうえでも，タンジェントは重要な意味をもっているんです！

バリアフリー法という法律では，駅や建物にある車いす用のスロープの勾配は，$\frac{1}{12}$ 以下が基準とされています。

勾配が $\frac{1}{12}$ 以下？
さっぱり意味不明です。

勾配が$\frac{1}{12}$というのは，水平方向の長さ12に対して高さが1となる傾斜の大きさをあらわしたものです。
これは，タンジェントの値そのものですね。

ふむふむ。
直角三角形の$\frac{対辺}{隣辺}$ということですね。

ええ。それで，$\tan\theta = \frac{1}{12}$となるのは，手元の電卓で計算すると，だいたい$\theta = 4.8°$になります。だから車いす用のスロープは，4.8°よりもなだらかにする必要があるんです。

こんな身近なところにもタンジェントの値がかくれていたんですね！

タンジェントを使ってモアイ像の高さを計算！

それじゃあ，タンジェントについて理解できたところで，**問題**に挑戦してみましょう！

がんばります。

次の問題を解いて，**モアイ像**の高さを求めてください。

問題

公園にモアイ像が立っています。
イラストのように，モアイ像の中心から5メートルはなれたところでモアイ像のてっぺんを見上げました。すると，見上げる角度は40°でした。目の高さは地面から1.5メートルです。さて，このモアイ像の高さは，何メートルでしょうか？
tan40°＝0.84とします。

モ，モアイ像ですか。また突飛な。
でも三角関数を使って問題を解くのは，だいぶなれてきた気がします。
今回は，直角三角形の**対辺**を求める問題ですね。
それで，**隣辺**がわかっていると。

はい，いいですね。

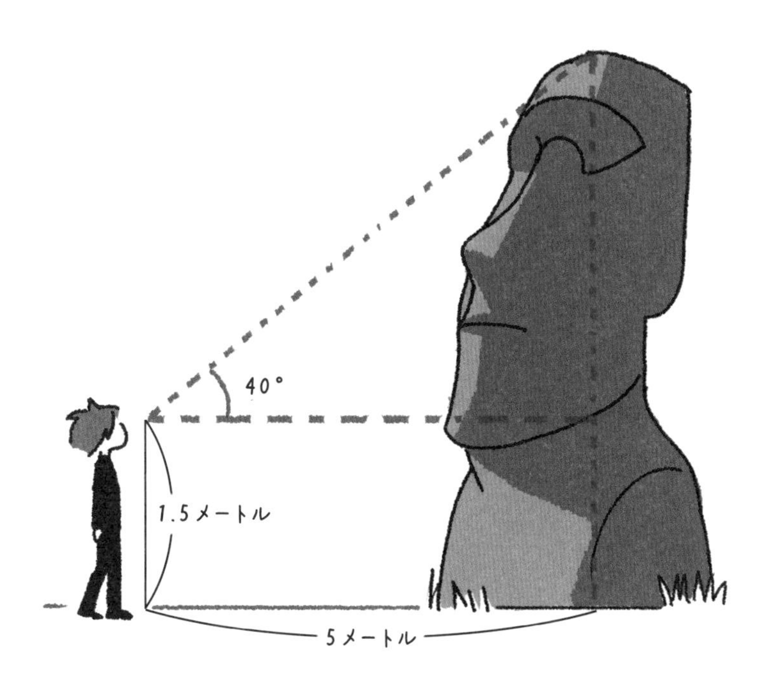

今までと同じようにタンジェントの式であらわして，変形してみます。

$$\tan 40^\circ = \frac{\text{対辺}}{\text{隣辺}}$$

$$\text{対辺} = \tan 40^\circ \times \text{隣辺}$$

$$= 0.84 \times 5$$

$$= 4.2$$

解けました！
答えは**4.2メートル**です！
ちょー楽勝です！

惜しい！
計算は完璧だったんですが，不正解です。

えっ!?　なぜですか？

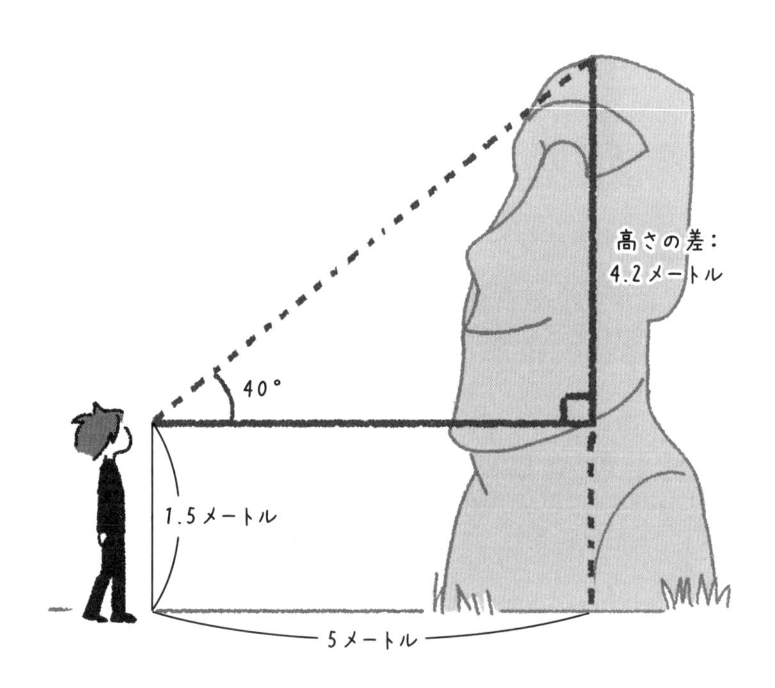

4.2メートルっていうのは，先ほどの直角三角形の対辺の長さですね。これは，**目の高さとモアイ像の高さの差**なわけで，**モアイ像の高さ**とはちがいますね。

そうか，**4.2メートルに，目の高さ1.5メートルを足す必要があったわけですね。**
答えは4.2＋1.5＝5.7なので，**5.7メートル**です！

はい，正解です！

なんだか，ひっかけ問題みたいでした。

まぁまぁ，ともかくタンジェントまで終了です！

サイン，コサイン，タンジェントの語源

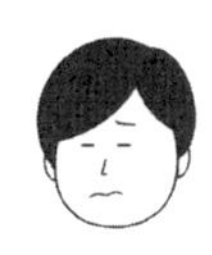

先生，**サイン，コサイン，タンジェント**ってなんでこんな呪文みたいな名前がついているんですか？ もっと**覚えやすい名前**にしてくれればよかったのに……。

なぜこのような名前がついているのか，由来を説明しましょう。
2時間目のはじめに説明したように，三角関数は，天体観測をする中で発展してきました。そのときには，**弦**やその半分（半弦ともいいます）の長さが重要でした。

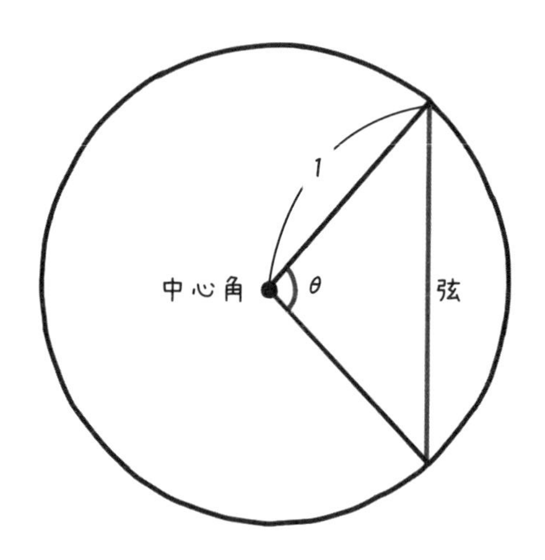

むむむ。

とくにサインは，**半弦**の長さに対応していますよね。
なんでサインと言い出したのかという語源はむずかしいですが，サインはサンスクリット語の**jya-ardha**（半弦）から来ているといわれています。

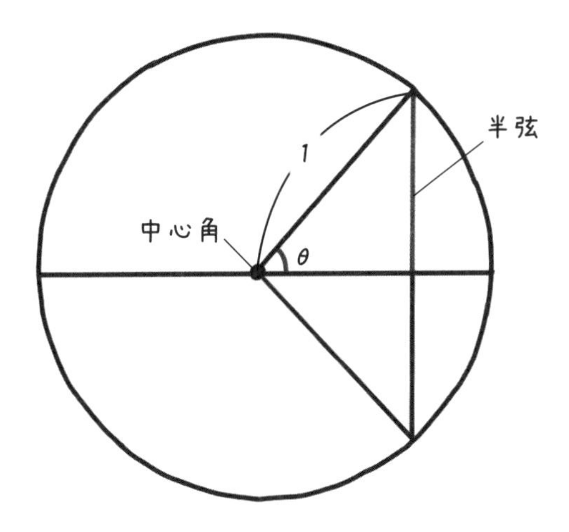

ほぉ。

jya-ardha は短縮されて **jya** や **jiva** として，古代インドで使われていたようです。

ふむふむ。

さらにこの語は，アラビア語へと翻訳されました。

半弦の考え方がインドからアラビアに広まっていったんですね。

2時間目の最初で説明したように，サインの考え方はもともと古代ギリシアにまでたどることができます。**長い年月をかけて，ギリシア，インド，アラビアという広い地域をまたいで考えられてきたんです。**

どんどん広まっていったんですね。

それでインドの**jiva**がアラビア語に翻訳されたときに発音が似ているアラビア語**jiba**になったといわれています。まあ，**jiba**と書きましたが，アラビア語は，もともとヨーロッパのアルファベット表記ではないでしょうから，発音を重視して翻訳していったんでしょうか。これはサンスクリット語でも同じです。
それはともかくとして，その後，**jiba**が**胸**を意味する**jaib**と混同されてしまったようです。

胸ですか？

ええ。そして，これがラテン語に翻訳されるときに，胸という意味をもつラテン語の**sinus**が当てはめられたようです。

一気にサインに近づきました。

ええ。そして英語の**sine**となり，おなじみの**sin**という記号になったというわけです。

サインは半弦が，いろんな国の言語に翻訳される中で生まれてきたんですね。
それでは**コサインの由来**はどのようなものですか。

コサインの概念自体は，**インドの天文学者**などによっても考案されたといわれています。直角三角形でいうと，直角以外の角の一つをθとして注目したとき，残りの角のことを**余角**ってよびます。
その大きさは**$90°-\theta$**です。

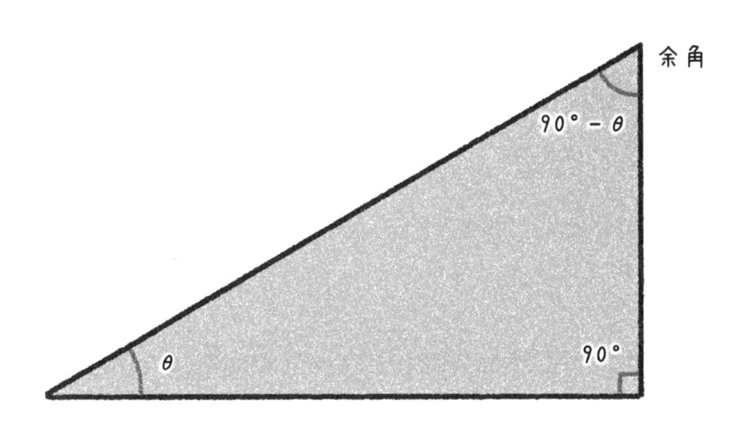

直角三角形の**内角の和が180°**だからですね。

そうなんです。でね，くわしくは3時間目に説明しますが，コサインとサインって，**$\cos\theta=\sin(90°-\theta)$**って関係があるんです。$90°-\theta$とは余角のことですね。
つまり，**コサインとは余角（complementary angle）のサインという意味なのです。**そこから，現在の**cosine**につながったようです。
ちなみに**co-**には「補助」という意味があります。

へえ，コサインとサインにはそんな関係があったのですね！

ええ，そうなんです。
くわしくは3時間目でやるので楽しみにしておいてください。

それじゃあ最後に**タンジェントの由来**は何なのでしょうか？

タンジェントは，「触れる」という意味のラテン語**tangere**に由来しているといわれています。

3

時間目

三角関数の深い関係

STEP 1

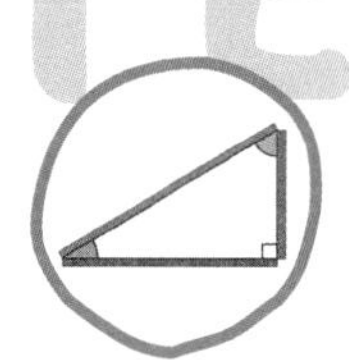

サイン，コサイン，タンジェントの絆

サイン，コサイン，タンジェントには密接な関係があります。これらの三角関数のつながりを見ていきましょう。

サインとコサインは結びついている

ここまでサイン，コサイン，タンジェントの特徴をじっくりとみてきました。ここからは，これら三者の関係がテーマです。

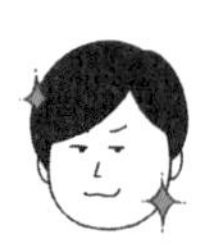

三角関係ですね！

……。
これら三者には深い関係があるんです。**この関係を理解しておけば，たとえ三者のいずれかの値がわからなくても，ほかの三角関数から値を求めることもできます！**

すごい！
もうサイン，コサイン，タンジェントの値は全部忘れてしまいましたけど，それでも大丈夫ってことですね！

いや，すべてを忘れると，もう手の施しようがありません。ま，気をとりなおして，まずはサインとコサインの関係から考えてみましょう。

はい！

まずは復習です。
θが0から90°へ変化するとき，サインとコサインはどのように変化しましたか？

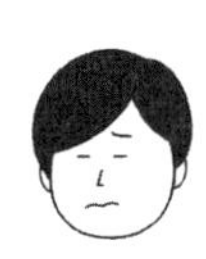

えっ!?

さっきやったばっかりじゃないですか。
じゃあ，もう一度表にして確認してみましょうね。

θ	$\sin\theta$	$\cos\theta$
0°	0	1
30°	$\frac{1}{2}$(＝0.5)	$\frac{\sqrt{3}}{2}$(≒0.87)
45°	$\frac{1}{\sqrt{2}}$(≒0.71)	$\frac{1}{\sqrt{2}}$(≒0.71)
60°	$\frac{\sqrt{3}}{2}$(≒0.87)	$\frac{1}{2}$(＝0.5)
90°	1	0

サインもコサインも0から1の間で変化するんでしたね。あ，**45°のときは，サインとコサインは同じ$\frac{1}{\sqrt{2}}$ですね。**それから，角度がちがうけど，たとえば**$\sin 30° = \frac{1}{2}$と$\cos 60° = \frac{1}{2}$とか，$\sin 60° = \frac{\sqrt{3}}{2}$と$\cos 30° = \frac{\sqrt{3}}{2}$とかもサインとコサインが同じ値になっています。**

おっ，なかなか鋭くなってきましたね。

これは偶然なんでしょうか？

いえ，偶然ではないですよ。これが**サインとコサインの関係**なんです！
ここからこのサインとコサインの関係を探っていきますよ。そのためには，三角形を**裏返して**考える，っていうことがポイントとなります。まず，下図の直角三角形で考えてみましょう。**角C＝90°**とすると，角Aの大きさは何になりますか？

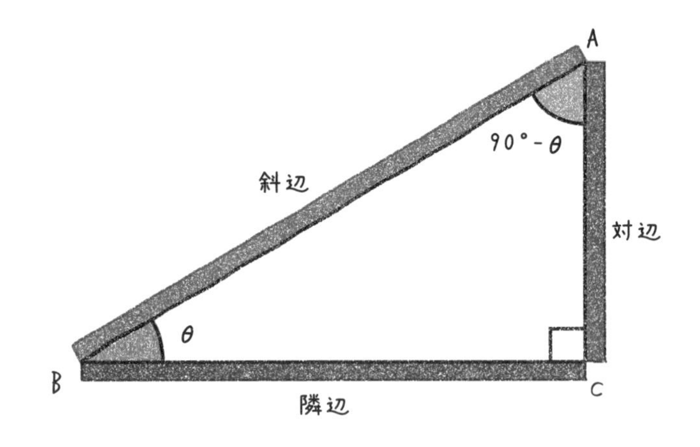

何度かやりましたね。
三角形の内角の和は，180°なので，
角A＝180°－90°－θ，つまり90°－θですね。

その通りです。
2時間目の最後に少しだけお話ししましたけど，角Bに注目したとき，この角Aを角Bの**余角**といいます。

余角かあ。なんだか残りものみたいですね。
余角の大きさが，90°－θなんですね。

ええそうです。ここで改めてサインとコサインの定義を思い出してみてください。

ええっと，前のページを振り返ると，

$$\sin\theta = \frac{対辺}{斜辺} = \frac{AC}{AB}$$

$$\cos\theta = \frac{隣辺}{斜辺} = \frac{BC}{AB}$$

はい，そうですね。それをよく覚えておいてください。それでは次に，この三角形を裏返して回転させてみましょう。よいしょっと。

えっ，裏返しちゃうんですか。

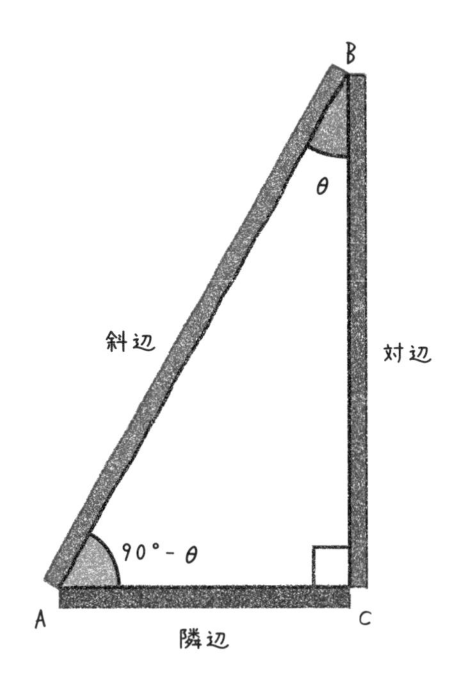

今度はこの裏返した三角形の角Aに注目してサインとコサインを求めてみてください。

えっと，角Aに注目するわけですから，θではなくて，$90°-\theta$ を使うわけですね。

ええ，そうです。

そしたら，次のようになります。

$$\sin(90^\circ - \theta) = \frac{対辺}{斜辺} = \frac{BC}{AB}$$

$$\cos(90^\circ - \theta) = \frac{隣辺}{斜辺} = \frac{AC}{AB}$$

はい，OKです！

ここで先ほどのサイン，コサインの値と，今求めたサイン，コサインの値について，見くらべてみてください。
何か気づきませんか？

あっ，
$\sin\theta$ と $\cos(90^\circ - \theta)$ が $\frac{AC}{AB}$ で同じです！
$\cos\theta$ と $\sin(90^\circ - \theta)$ も $\frac{BC}{AB}$ で同じだ。

そうなんです！
つまり，サインとコサインには次のような関係があるわけなんです。

重要公式①

$$\sin\theta = \cos(90° - \theta)$$

$$\cos\theta = \sin(90° - \theta)$$

えーっとこの式の意味は，たとえば，$\sin 20° = \cos 70°$とか，$\sin 52° = \cos 38°$みたいな関係がいつも成り立つってことですか？

ええ，まさにその通りです！
巻末にのせた**三角関数の表**を見て，実際に確かめてみてください！

サインとコサインは，
フシギな関係なんですね。

サインをコサインで割るとタンジェントになる

サインとコサインの関係はわかりましたけど，タンジェントだけ仲間外れでかわいそうです。
タンジェントには、サインやコサインみたいなフシギな関係はないんですか？

もちろんありますよ！

やっぱり！
どんな関係があるんですか？

じゃあ次の直角三角形ABCを見ながら考えてみましょう。

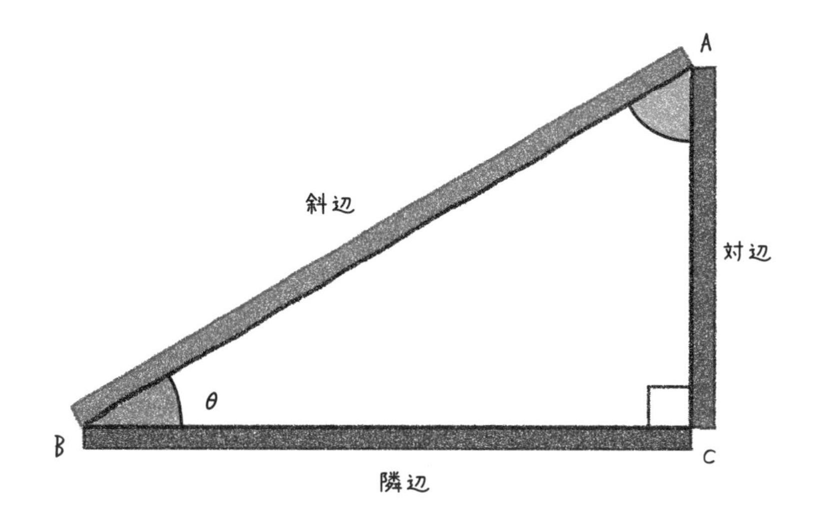

タンジェントの定義は覚えていますか？

えっと，筆記体のtを書けばいいから……「隣辺ぶんのぉ～対辺！」で，$\dfrac{\text{対辺}}{\text{隣辺}}$ です！

はい，そうです。ここでは，$\dfrac{\mathrm{AC}}{\mathrm{BC}}$ ですね。
でね，ここからがポイントなんですけど，対辺ACと隣辺BCの長さをサインとコサインを使ってあらわしてみてください。

え？　いや，全然どうすればよいのかわかりません。

そんなに悩まなくてもいいですよ。
まずはサインの式を立ててみましょう。

サインの式ですか。
$\sin\theta = \dfrac{AC}{AB}$ です。

ここにACが登場しているから，AC＝の式になおしますね。

$$\frac{AC}{AB} = \sin\theta$$

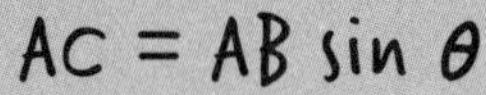

はい，**対辺AC＝AB$\sin\theta$** となり，対辺ACをサインを使ってあらわせました。
では，次に隣辺BCをコサインであらわしてみてください。

今と同じようにやればいいんでしょうか。

はい。

$\cos\theta = \frac{BC}{AB}$ だから……

$$\frac{BC}{AB} = \cos\theta$$

$$BC = AB\cos\theta$$

できました！
隣辺 $BC = AB\cos\theta$ です。

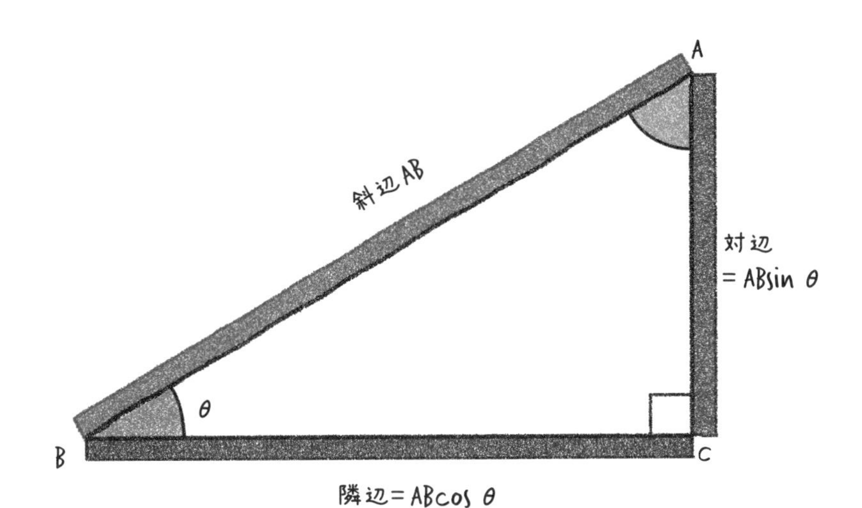

では，これらを使って$\tan\theta$をあらわしてみてください。

えっと，$\tan\theta = \frac{\text{対辺AC}}{\text{隣辺BC}}$だから……
ここに今求めた対辺と隣辺をはめてと。

$$\tan\theta = \frac{\text{対辺AC}}{\text{隣辺BC}}$$

対辺AC = ABsin θ，隣辺BC = ABcos θ を代入

$$\tan\theta = \frac{AB\sin\theta}{AB\cos\theta}$$

約分すると，

$$\tan\theta = \frac{\sin\theta}{\cos\theta}$$

はい，タンジェントとサイン，コサインの関係が求められましたね。つまり**タンジェントは，サインをコサインで割ったものと等しいことがわかりました。**

重要公式②

$$\tan\theta = \frac{\sin\theta}{\cos\theta}$$

三角関数どうしって**深い関係**があったんですね！
タンジェントが仲間外れにならなくてよかった！

サインとコサインはピタゴラスの定理で結ばれる

サインとコサインに関するもので，
もう一つ重要な公式があります。

うぎゃぁー
まだあるんですかぁ。もう覚えられません！

まだまだ三角関数の重要な公式はたくさんありますよ。
がんばってついてきてください！

しくしく。

今回紹介する公式は，**ピタゴラスの定理**と深い関係のあるものです。**ピタゴラスの定理が，サインとコサインを結びつけるのです！**

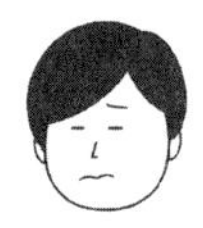

なんだかむずかしそうな予感……。

そんなことないですよ。
それじゃあ，散々やったので**ピタゴラスの定理**は覚えていますよね。

えーっと……。
直角三角形で，**対辺^2＋隣辺^2＝斜辺^{2}になるっていうやつ**ですよね。

いいですね。
それじゃあ，下の直角三角形ABCで対辺と隣辺の長さをサインとコサインであらわして，ピタゴラスの定理に当てはめてください。

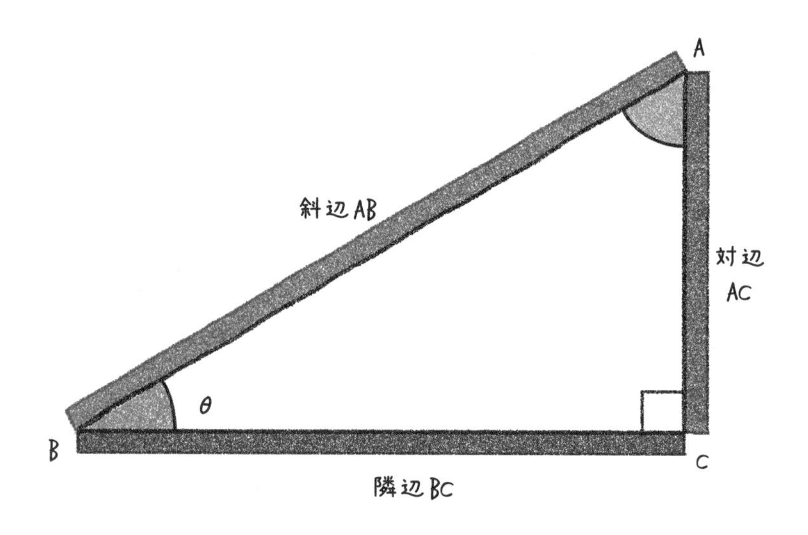

サインとコサインで対辺と隣辺をあらわす？
いやー意味わかんないっす。

ついさっきもまったく同じことをやりましたよ。
136ページです！

あぁ，そうか，136ページと同じように考えればいいんですね。$\sin\theta = \frac{対辺AC}{斜辺AB}$だから，
対辺AC＝斜辺AB×$\sin\theta$ですね。

それから，$\cos\theta = \frac{隣辺BC}{斜辺AB}$だから，
隣辺BC＝斜辺AB×$\cos\theta$ですね。

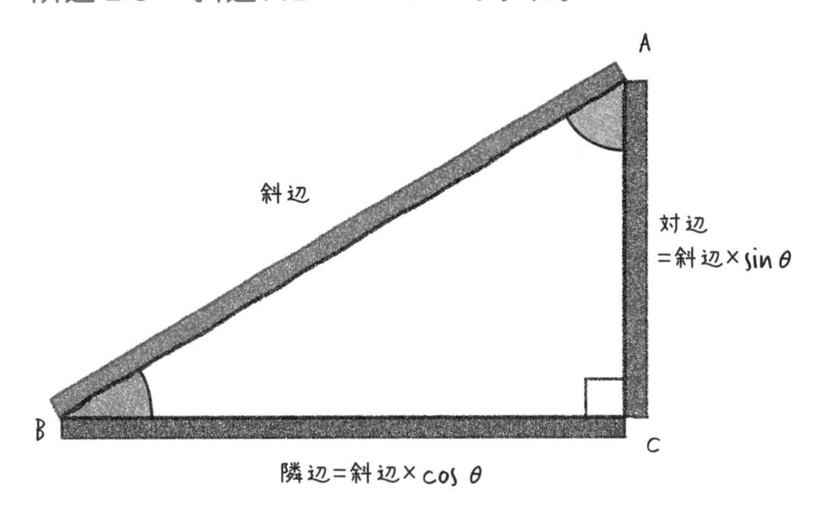

そうですね。じゃあこれをピタゴラスの定理に入れてみましょう。

$対辺^2 + 隣辺^2 = 斜辺^2$

対辺 = 斜辺 × $\sin\theta$,

隣辺 = 斜辺 × $\cos\theta$ を代入する

$$(斜辺 \times \sin\theta)^2 + (斜辺 \times \cos\theta)^2 = 斜辺^2$$

$$斜辺^2 \times \sin^2\theta + 斜辺^2 \times \cos^2\theta = 斜辺^2$$

全部の項に斜辺^{2}が含まれているので,

斜辺^{2}で両辺を割る

$$\sin^2\theta + \cos^2\theta = 1$$

わお！

はい, **これがピタゴラスの定理が結びつける, サインとコサインの重要公式です。**

重要公式③

$$\sin^2\theta + \cos^2\theta = 1$$

簡単シンプル！
この公式，どういうときに使えますか？

この式があれば，$\sin\theta$がわかっていれば，$\cos\theta$もわかるというわけなんですよ。

なるほど〜。

ためしに前に出てきた$\cos 30° = \frac{\sqrt{3}}{2}$のときの$\sin 30°$の値を求めてみましょうか。

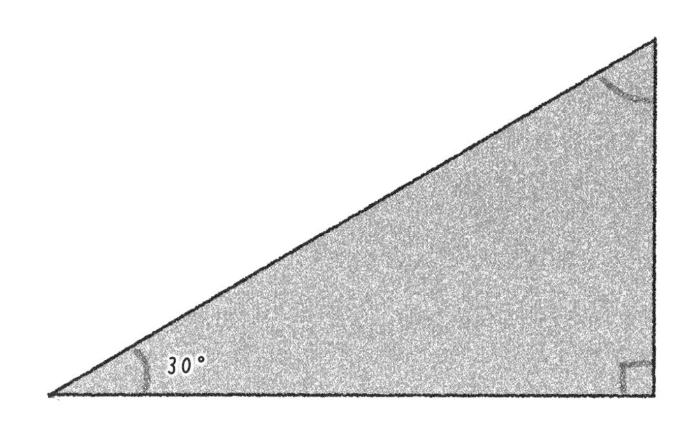

ドキッ！

まぁまぁ，もう先ほどの公式に当てはめるだけですよ。

重要公式③ $\sin^2\theta+\cos^2\theta=1$ より

$$\sin^2 30^\circ+\cos^2 30^\circ=1$$

$$\sin^2 30^\circ=1-\cos^2 30^\circ$$

$\cos 30^\circ=\frac{\sqrt{3}}{2}$ を代入

$$\sin^2 30^\circ=1-\left(\frac{\sqrt{3}}{2}\right)^2$$

$$\sin^2 30^\circ=1-\frac{3}{4}$$

$$\sin^2 30^\circ=\frac{1}{4}$$

$$\sin 30^\circ=\frac{1}{2}$$

この計算で，二乗して $\frac{1}{4}$ になる数は $-\frac{1}{2}$ もありますが，**sin**30°は正の数なので，$\frac{1}{2}$ が答となります。
2時間目で求めた値と一致しましたね。
sin30°$=\frac{1}{2}$ です。こんなふうに，**サインとコサインの一方がわかっていれば，もう一方を求めることができるんです。**

おお，楽ちん！

覚えるのが半分ですみますね！

それから，**この式と，重要公式②の$\tan\theta=\dfrac{\sin\theta}{\cos\theta}$を使うことで，サイン，コサイン，タンジェントのどれか一つがわかれば，0°～90°の範囲でほかの二つも求められますよ！**

えーっと，今やったように，もしもコサインだけわかっている場合は，重要公式③でサインがわかるんですね。
あっそうか，サインとコサインの両方がわかったら，重要公式②でタンジェントも求められます。

その通りです。
サインだけわかっている場合も重要公式③からコサインを求めて，そのあとやっぱりタンジェントの値が求められます！

ふむふむ。

くわしくはやりませんが，**タンジェントだけがわかっている場合も，重要公式②と③を使えば，サインとコサインが求められます。**

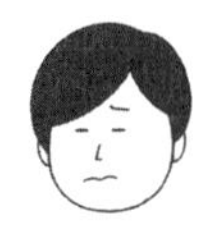

うーむ，まぁいずれにせよ，**サイン，コサイン，タンジェントのどれか一つだけを覚えておけばいいんですね！**じゃあ私は，**コサインマスター**になります！

まぁまぁ，毎回計算するのは面倒ですから，**0°，30°，45°，60°，90°といった代表的な角度だけでも覚えておくと，いいかもしれません。**
ま，でも忘れたら，**三角関数の表**を見ればいいんですけどね。はっはっはっはっ。

STEP 2

コサインが主役の余弦定理

コサインに関係する定理で重要なのが，余弦定理です。少し公式は複雑ですが，測量を例にとって紹介しつつ，余弦定理についてじっくり考えてみましょう。

直接測れない2点間の距離がわかる余弦定理

ここまでは，サイン，コサイン，タンジェントの関係についてくわしく見てきました。

はい，三者には深い関係があって，**どれか一つの値がわからなくても，別の三角関数から値を求められる**ことがわかりました！

そうですね。それで，ここからはいよいよ，**物の長さや面積を求めるときに活躍する公式**を紹介していきますよ。

むずかしいですか？

うーん，ここまで見てきた公式よりは，レベルが上がるかもしれませんね……。
ただ，三角関数を理解する上で，重要な公式ばかりですから，がんばってついてきてください。

ぐぐぐ。

まず，コサインについて，**測量のときなんかに大活躍する，とても重要な定理**があるんですよ。ここではそれをみていきましょう。
どんな定理なのか，そしてどういうときに使えるのかをまずは紹介します。それから，なぜその定理が成り立つのかを考えましょう。

どんな定理かわからないけど，すでにむずかしそうなにおいがぷんぷんです。

紹介するのは，**余弦定理**というものです。

コサインって日本語では**余弦**だって2時間目に説明がありましたよね。
なんだか，そのままのネーミングですね。

そうですね。
次のような三角形ABCを考えます。
A，B，Cのそれぞれの角の向かい側にある辺の長さを小文字でa，b，cとあらわしましょう。
余弦定理というのは，この三角形で，
$c^2 = a^2 + b^2 - 2ab\cos C$
が成り立つというものです。

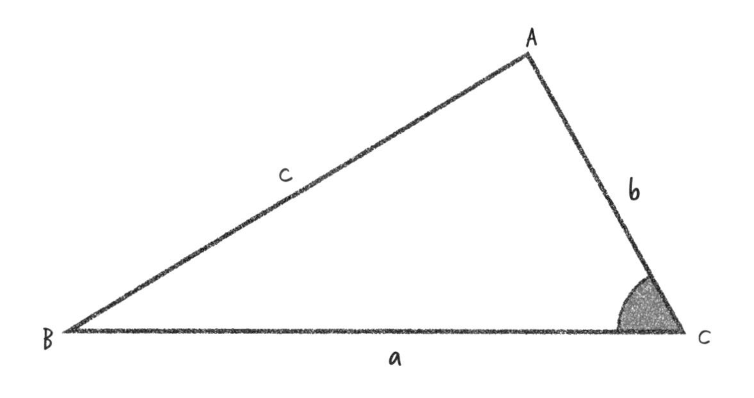

重要公式④

余弦定理

$$c^2 = a^2 + b^2 - 2ab\cos C$$

ひいぃ！
これまでやった公式とはケタちがいに複雑です。

まぁまぁ。公式を忘れたら，このページにもどってくればいいですから。

はい……。

この公式になれるために，1回使ってみましょうね。
先ほどの三角形に具体的な角度と長さをいくつか書き込みました。

?のマークがついた，cの長さを求めてみましょう。

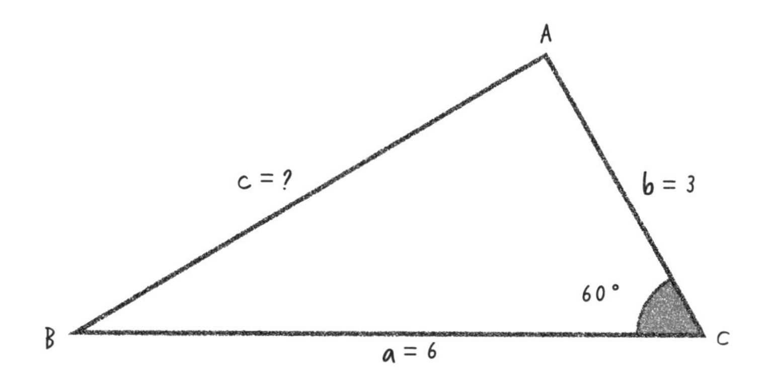

定規で測った方が早いんじゃないですか？

まぁまぁ。絵でえがいた図には誤差があるかもしれませんし，そもそも三角形がとても大きな場合なんかは定規が使えませんよね。

これは，余弦定理の公式にそれぞれの辺の長さを代入すれば，一発なんですよ！

余弦定理より

$$c^2 = a^2 + b^2 - 2ab\cos C$$

$a = 6,\ b = 3,\ \cos C = \cos 60° = \frac{1}{2}$ を代入

$$c^2 = 6^2 + 3^2 - 2 \times 6 \times 3 \times \frac{1}{2}$$

$$c^2 = 36 + 9 - 18 = 27$$

cは正の数なので

$$c = \sqrt{27} = 3\sqrt{3}$$

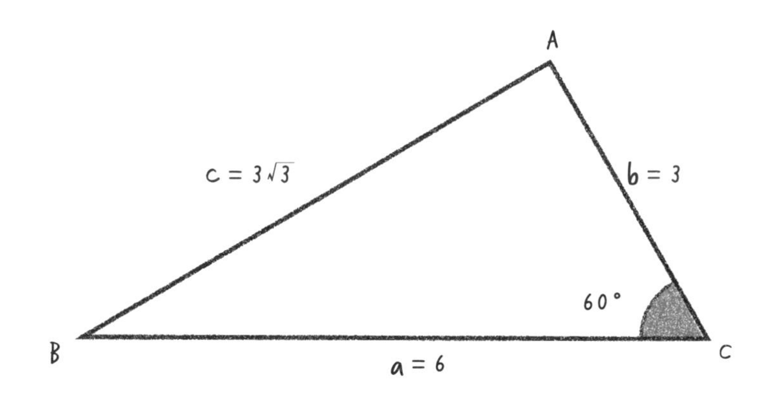

はい，cの長さが求められました。
こんなふうに，**三角形の二つの辺と，その間の角がわかっているときなどに，残った1辺の長さを簡単に計算できるんです！**

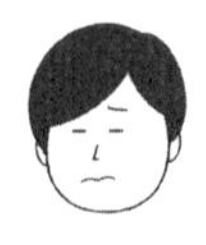

簡単ではないですけど……。
まぁなんとなく余弦定理がどういう定理かわかりました。

ある二つの場所の間の距離を知りたいけど，その間に障害物があって直接距離を測れないときなんかにも余弦定理は使えますね。

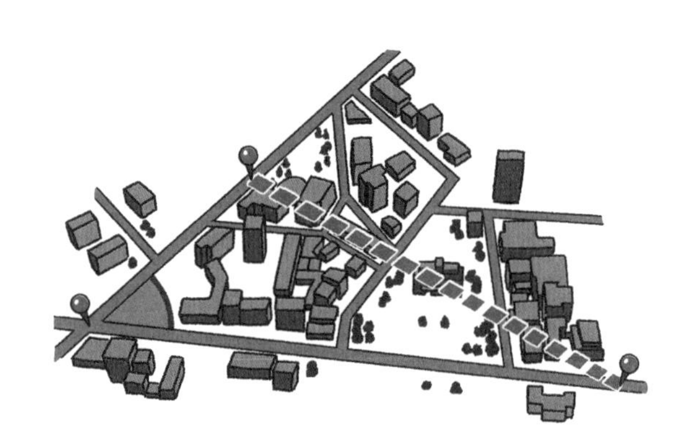

STEP2の最後でこんなふうな問題に挑戦してもらいますから，覚悟しておいてください。

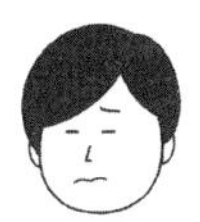

ふぁい。

でね，この余弦定理$c^2 = a^2 + b^2 - 2ab\cos C$なんですけど，もし角C＝90°だと，$\cos 90° = 0$なので，余弦定理は$c^2 = a^2 + b^2$になりますよね。これって**ピタゴラスの定理そのもの**なんです。

あっ！ 本当だ！

余弦定理って，直角三角形でなくてもあらゆる三角形で成り立つ，ピタゴラスの定理の進化版だといえるんです。

おぉ，**なんだかすごい！**
やるな，余弦定理！

余弦定理を確かめよう！

余弦定理がどういう定理なのかは，理解できましたね。

ぼんやりとわかりました。ともかく三角形をえがけば距離がわかるんですね。

余弦定理が本当に成り立つのか確かめないと，使うわけにはいきませんよね。というわけでここからは，**余弦定理が成り立つことを確かめましょう！**

偉い人が成り立つって言ってるんだからいいじゃないですか。

いやいや，ちゃんと自分で確かめてこそ，意味があるんです。確かめることを**証明する**ともいいますが，それが数学というものです。**偉い人が言っていても自分で証明を理解すること，これがとても重要なんです。**
まぁここからは，とくにむずかしいと思いますので，とりあえず，ここを飛ばしてしまって，あとからじっくり読むのもよいと思います。
ではいきますね。三角形ABCをえがきました。そしてそのまわりに，三角形の辺を1辺とする正方形をえがいています。

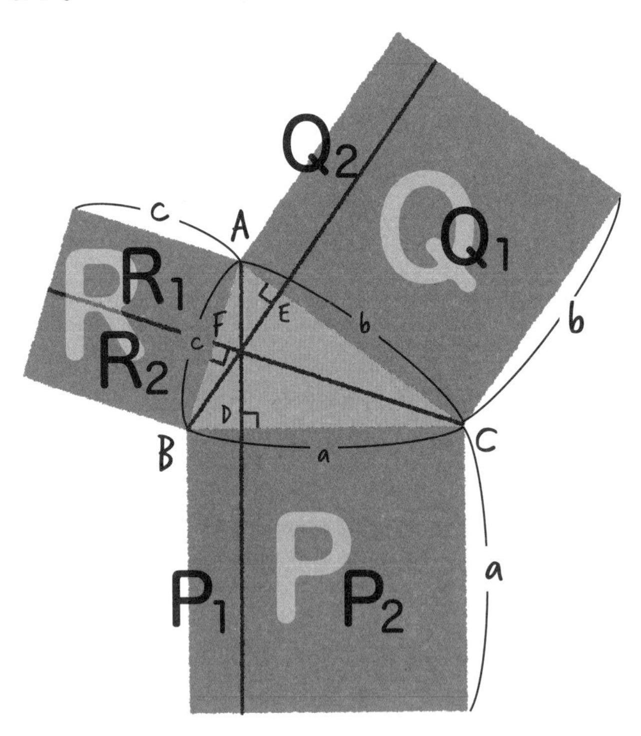

1時間目のピタゴラスの定理の説明に使ったイラストと似ていますね。

ふふふ。そうでしょう。ただ今回は，中の三角形が直角三角形でない点がちがいます。

なるほど。

三角形のまわりの正方形をP，Q，Rと名づけますね。
余弦定理を確認するためのポイントは，図のようにうまく補助線を引くことです。

ほじょせん？

はい。三角形のそれぞれの頂点から向かい合った辺（対辺）に対して垂直な線を引いたんです。
三角形の辺との交点をD，E，Fとしています。
152ページの図のように，三つの垂直な線が一つの点で交わることはそのまま使います。

三角形のまわりの正方形が長方形に分割されていますね。

ええ，これらの長方形をP_1，P_2，Q_1，Q_2，R_1，R_2と名前をつけましょう。ここからは，**それぞれの長方形の面積**に注目しますよ。
中でも辺ABの上にできた正方形の面積c^2をR_1とR_2の二つの長方形に分けてみることが考え方の方針です。$c^2 = R_1 + R_2$ですね。
そこでまずは，長方形の三つのペアP_2とQ_1，Q_2とR_1，R_2とP_1についての**意外な関係**を調べていきます。

図がとっても複雑！　むずっ！

まずP_2とQ_1の面積を求めてみましょうか。P_2とQ_1の間の角Cに着目して面積を考えてみてください。

いやいや，どうすりゃいいのー。

長方形の面積は縦×横ですよね。
P_2の場合，1辺の長さはaです。
だから，あとはCDの長さがわかれば，いいんです。

ふむふむ。そういえば，**CDって直角三角形ACDの1辺になってますね。**

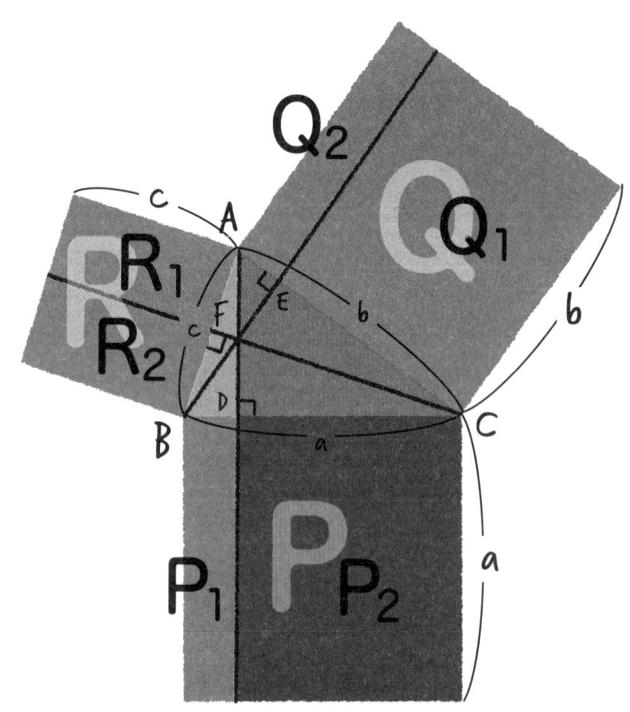

うぉっ！　天才的なひらめきです。

いつもと左右を入れかえるようですが，**角Cに注目すると，CDは直角三角形ACDの隣辺になっています。**
これをコサインの式であらわしてみてください。

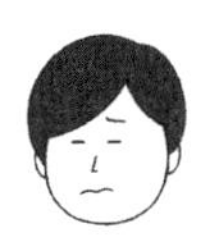

うーん，似たようなことを何度かやりましたね。
直角三角形ACDに注目すると……。

$$\cos C = \frac{CD}{b}$$

よって，

$$CD = b\cos C$$

はい，じゃあP_2の面積は？

あっ，$P_2 = ab\cos C$です！

完璧です！

次に，Q_1を同じように求めましょう。1辺の長さはbなので，あとはCEの長さがわかればいいんです。
今度はCEが，直角三角形BCEの角Cの隣辺になっていることに注目してください。

ええっと，さっきと同じように考えると……。

$$\cos C = \frac{CE}{a}$$

よって，

$$CE = a \cos C$$

はい，じゃあQ_1の面積は？

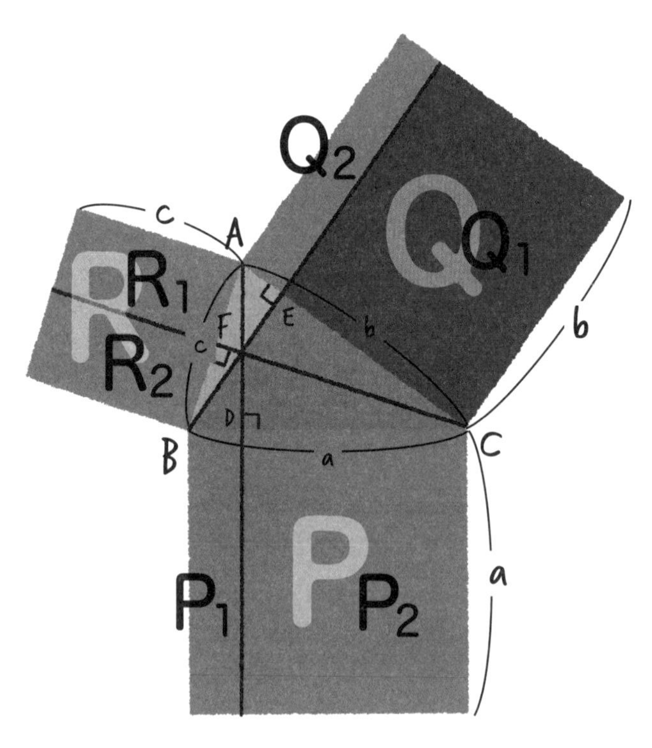

$Q_1 = ab\cos C$ になります。

いいですね！ だいぶマスターしてきましたね！
それではP_2とQ_1の**面積を比較**してみましょう。

あっ，**どちらも**$ab\cos C$ですね！
P_2とQ_1は，同じ面積なんですね。びっくりです。

そうなんですよ！　それで，同じように考えると，ほかの長方形の面積についても，$\mathbf{Q_2 = R_1 = bc\cos A}$，$\mathbf{R_2 = P_1 = ca\cos B}$が成り立つんですよ。これは計算をしなくても，$P_2 = Q_1 = ab\cos C$という関係を角A，B，Cの立場を入れかえて考えることでもわかります。

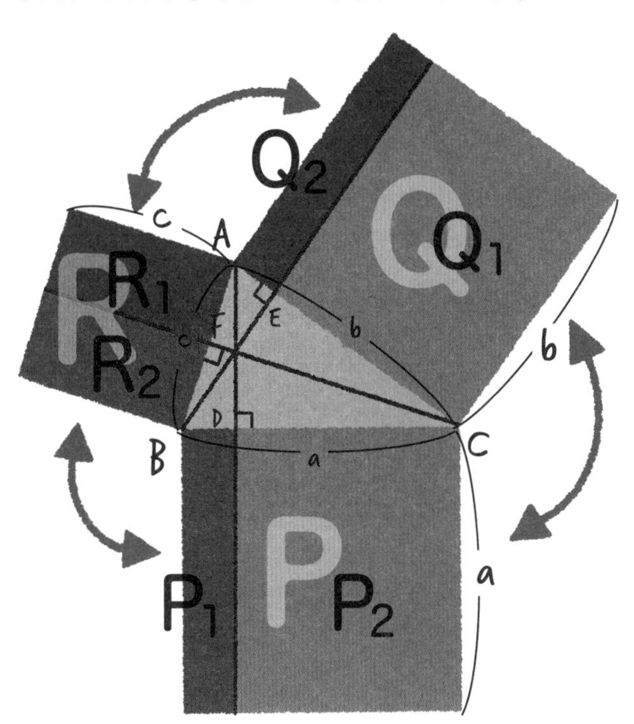

図で見ると、同じ色の長方形が同じ面積になるんですね。なんだか不思議です。

そうなんです。さらにここで，**Rの面積**を考えてみましょう。まず，1辺の長さがcなので，**面積はc^2**ですね。

ええ，正方形ですからね。

一方で，**RはR_1+R_2**でもありますよね。

はい。

それでさっきやったように$R_1=Q_2$，$R_2=P_1$なので，
$R=R_1+R_2=Q_2+P_1$となります。
Rの面積はc^2ですから，
$c^2=Q_2+P_1$……①
となるんです。

むずかしすぎる……。

それじゃあ式に出てくる**Q_2とP_1の面積**を考えてみましょう。まずQ_2です。$Q=Q_1+Q_2$だから，
$Q_2=Q-Q_1$ですね。このうちQの面積はb^2です。
一方Q_1は，さっき求めた$ab\cos C$です。
つまり**$Q_2=b^2-ab\cos C$**です。

なんだか，ぼんやりと余弦定理の式に近づいてきた気がします。

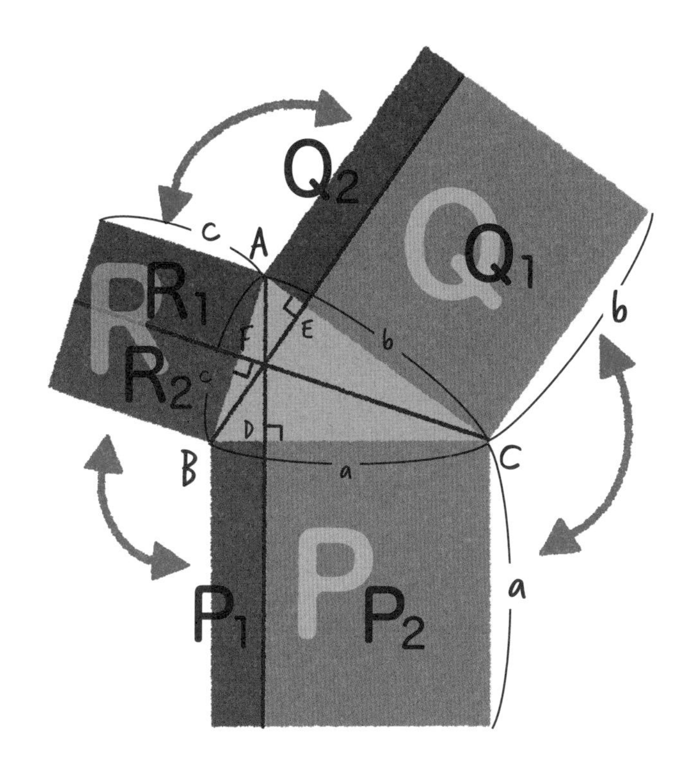

そうですね。次に**P_1の面積**を計算してみましょう。
$P = P_1 + P_2$なので，**$P_1 = P - P_2$**ですね。
このうちPの面積はa^2です。
一方P_2の面積は，さっき求めたように$ab\cos C$です。
つまり**$P_1 = a^2 - ab\cos C$**なんです。

もう頭がガンガンします。

このP_1とQ_2を
$c^2 = Q_2 + P_1$……①
に入れてみましょう！

$$c^2 = Q_2 + P_1$$

$Q_2 = b^2 - ab\cos C$, $P_1 = a^2 - ab\cos C$ を代入

$$c^2 = b^2 - ab\cos C + a^2 - ab\cos C$$
$$= a^2 + b^2 - 2ab\cos C$$

はい見事，余弦定理 $c^2 = a^2 + b^2 - 2ab\cos C$ が成り立つことがわかりました！

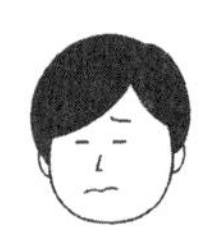

すみません，
途中からもうついていけませんでした。

うーん，むずかしいですからね。何度か繰り返し読んだら，きっと理解できると思うので，また時間があるときにおさらいをしてみてください。ちなみに，角A，角Bについて同じように計算したり，角A，B，Cの立場を入れかえて考えたりすると，
$b^2 = c^2 + a^2 - 2ca\cos B$
$a^2 = b^2 + c^2 - 2bc\cos A$
という式も成り立つんですよ。

泳ぐ距離は何メートル？

余弦定理がちゃんと成り立つことが確認できたので，これで心おきなく，余弦定理が使えますね。

というわけで余弦定理を使った**問題**に挑戦してみましょう！

ギクッ！。

ではいきます。

問題

夏のある日，吉田くんは家の近くの池を泳いで渡ることにしました。しかし，スタートからゴールまで池を渡りきるために，どれくらいの距離を泳がないといけないのか，わかりません。

池の大きさを直接測ることはできないため，家からスタート地点までと，家からゴール地点までの距離を測りました。また，家から見たスタート地点とゴール地点の間の角度も測りました。すると，次のイラストのようになりました。

さて，吉田くんは，スタート地点からゴール地点まで，何メートル泳ぐことになるでしょうか。

$\cos 60° = 0.5$です。

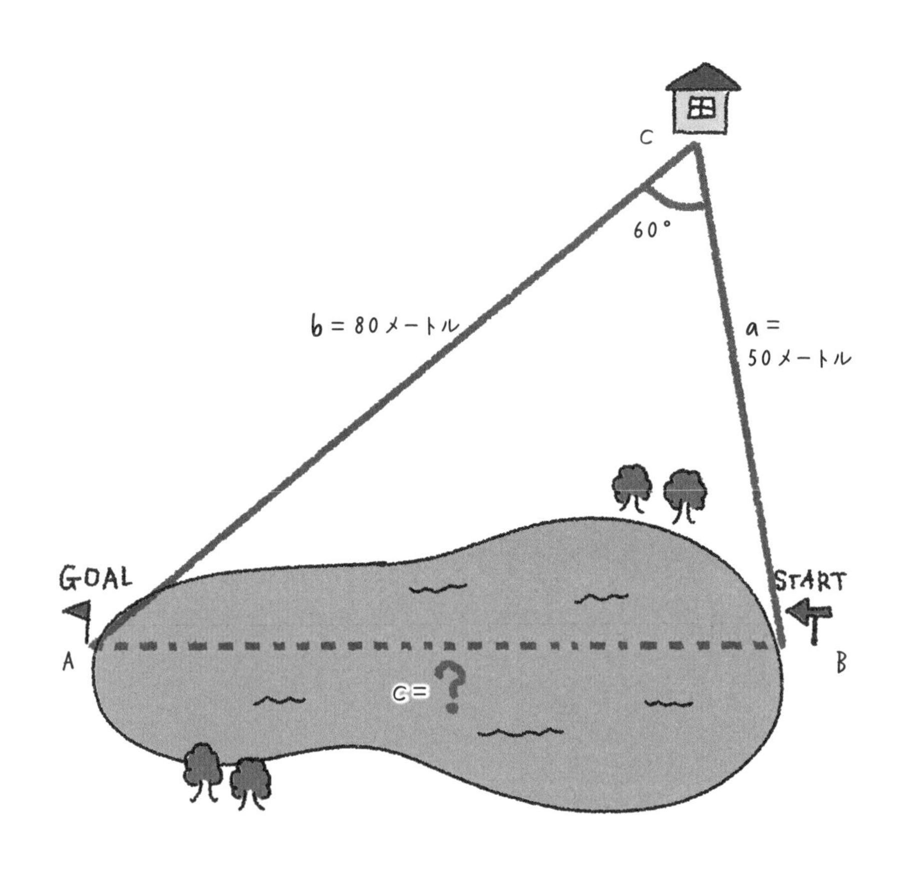

いやぁまた無茶な設定ですね……。
泳いでわたるって、野生児かよ……。

はい，**余弦定理**を使って解いてみてください！

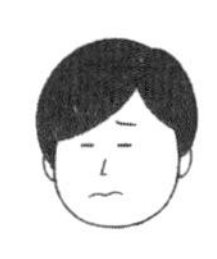

んーっと。

2辺とその間の角度がわかっているから，余弦定理の公式に当てはめれば解けるわけですね。

三角形ABCで，cがわからなくて，$a=50$，$b=80$，$C=60°$なんですね。

はい，その通りです。

もう，悩む必要はないですよね！

えーっと，余弦定理の公式$c^2=a^2+b^2-2ab\cos C$に代入してみます。

$$c^2=a^2+b^2-2ab\cos C$$

$a=50$，$b=80$，$\cos C=\cos 60°=0.5$を代入

$$\begin{aligned} c^2 &= 50^2+80^2-2\times 50\times 80\times 0.5 \\ &= 2500+6400-4000 \\ &= 4900 \end{aligned}$$

cの値は正なので，

$$c=70$$

出ました！　**70メートル**です！

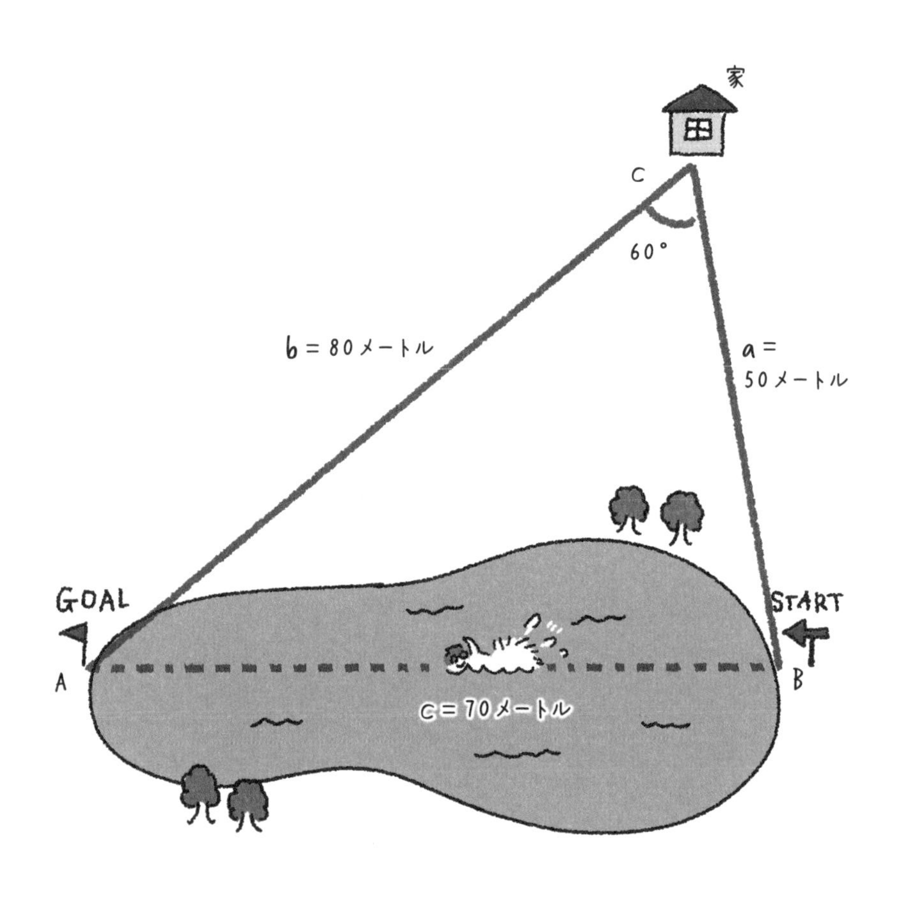

パーフェクト!!

正解です。これで余弦定理も終了です！

STEP 3

サインが主役の正弦定理

余弦定理と同じように距離を知るのに役立つ重要な定理に正弦定理があります。サインが登場する正弦定理をうまく使って，はるかかなたの星までの距離を求めてみましょう。

遠くの天体までの距離がわかる正弦定理

余弦定理は，その名の通り，コサイン（余弦）が主役の定理でした。ここから紹介するのは，サイン（正弦）が主役の**正弦定理**です。

余弦定理でもう**ヘロヘロ**なんですけど。

今回の正弦定理は，余弦定理にくらべると**簡単**かもしれません。だからがんばってください！

はい。

次の三角形ABCを見てください。角A，B，Cの対辺の長さをそれぞれa，b，cとしています。
正弦定理というのは，**この三角形で，$\dfrac{a}{\sin A}=\dfrac{b}{\sin B}=\dfrac{c}{\sin C}$が成り立つという定理なんです。**

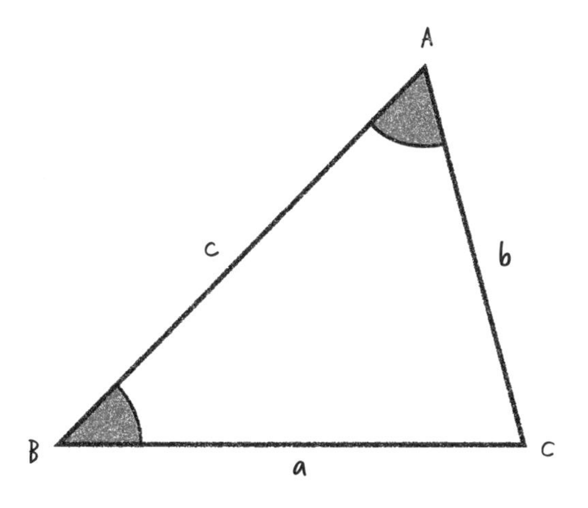

重要公式⑤

正弦定理

$$\frac{a}{\sin A}=\frac{b}{\sin B}=\frac{c}{\sin C}$$

あぁ，たしかに余弦定理に比べると，**ちょっと単純**です。これはどういうふうに使えるんでしょうか？

じゃあ先ほどの三角形で使ってみましょうね。
具体的な角度と長さを書き込んだので，？がついた a の長さを求めてみましょう。

ええっと，ここで正弦定理ってやつを使うわけですね。

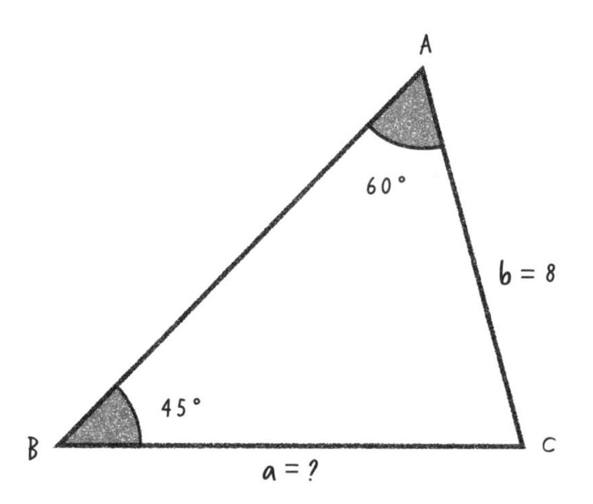

イエース！
正弦定理を使うと，$\boldsymbol{a}$の長さが一発で出ますよ！

正弦定理より

$$\frac{a}{\sin A} = \frac{b}{\sin B}$$

$b = 8,\ A = 60°,\ B = 45°$ を代入

$$\frac{a}{\sin 60°} = \frac{8}{\sin 45°}$$

$$a = \sin 60° \times \frac{8}{\sin 45°}$$

$$= \frac{\sqrt{3}}{2} \times 8 \div \frac{1}{\sqrt{2}}$$

$$= 4\sqrt{6}$$

$a = 4\sqrt{6}$ です。

やっぱり，三角形の辺の長さがわかるんですね！

ええ。それから正弦定理は，**星までの距離**を測るときなんかにも使えます。

星！ 今までとはスケールがケタちがいですね。
それはさすがに無理では？

ふふふ，それが可能なんです。
じゃあまず，次のページのイラストのように，夏の地球と冬の地球，そして星の3点を結んだ三角形ABCを考えてみます。

宇宙に三角形！ スケールでかっ！

そうなんです。
地球は太陽のまわりを1年に1週のペースで回っていますよね。ですから，地球から見える星の方向は，夏と冬で異なるんです。だから，夏と冬に星を観測することで，角Bや角Cの大きさがわかります。
なお，星も普通は位置を変えますが，ここでは星はとても遠くにあるので，地球から見た星の位置の変化はとても小さく，地球だけが位置を変えていると考えましょう。

ふむふむ。

それから，夏の地球と冬の地球を結んだ辺というのは，地球が公転する軌道の直径です。これはすでに知られている値で，約3億キロメートルです。

なるほど。

それで，巨大な三角形ABCのそれぞれの角の対辺を$\boldsymbol{a}$，$\boldsymbol{b}$，$\boldsymbol{c}$として，左側の地球の位置から星までの距離（$\boldsymbol{b}$）を知りたいとしますね。

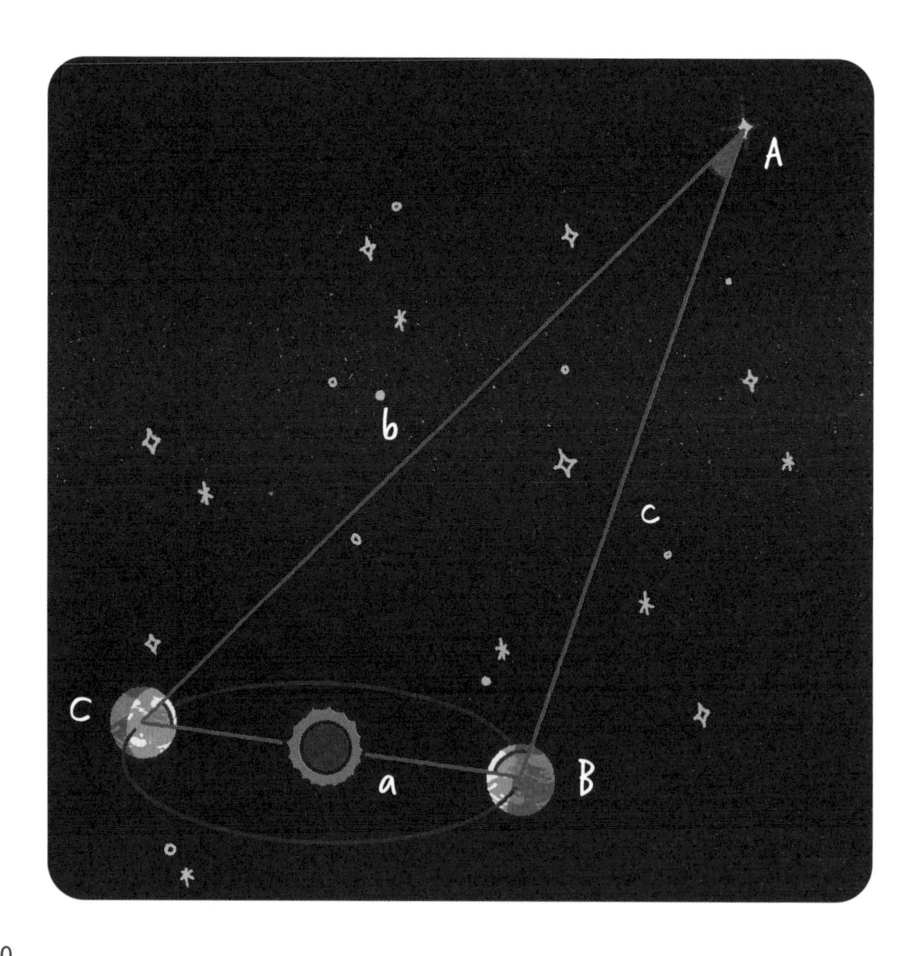

正弦定理から，$\dfrac{a}{\sin A}=\dfrac{b}{\sin B}$ が成り立ちます。このうち，a，$\sin A$，$\sin B$ の値は，説明したように観測などからわかるわけです。つまり b の値だけがわからないので，正弦定理の式を $b=\dfrac{a\sin B}{\sin A}$ と変形するだけで，b が求められるんですよ。

感動！
直接行けない星までの距離が求められるなんて。

元気になってよかったです。
正弦定理を使えば，2角と一つの辺，または2辺と一つの角がわかっていれば，残りの辺の長さを求められるというわけです。

正弦定理は，なぜ成り立つのか

というわけで，もちろん正弦定理も成り立つことを確認しますよ！

ひーっ。

また，ちょっとむずかしいので，ひとまず175ページからの問題に進んで，あとからじっくり読んでもいいですよ。

はい。

じゃあ行きますね。
三角形ABCをえがきました。角A，角B，角Cの対辺の大きさを，それぞれa，b，cとします。
この三角形ABCの頂点Aから対辺BCに向かって垂線を引きましょう。この垂線とBCとの交点をDとします。
はい，これで準備ができました。この**垂線AD**の長さこそ，**正弦定理証明のカギ**ですよ！

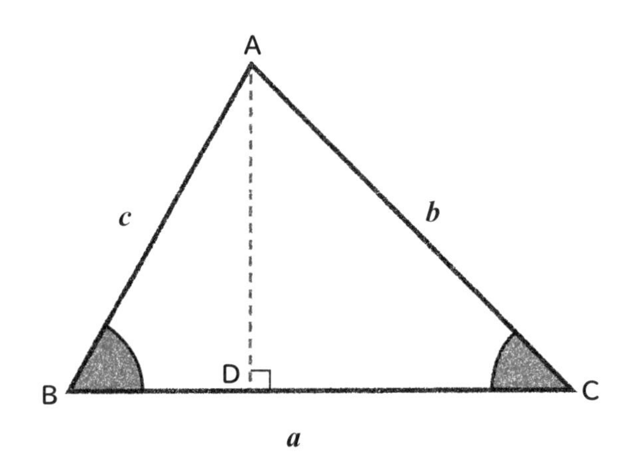

また難解な予感……。
三角形ABCはADによって，**直角三角形ABDと直角三角形ACDに分割**されているんですね。

お，いいところに気づきましたね！
その通りなんです。
では，**直角三角形ABD**に注目して，**sinB**を使ってADの長さをあらわしてみてください。

えーっと……。

$$\sin B = \frac{AD}{AB}$$

$$AD = AB \times \sin B$$

$AB = c$なので

$$AD = c\sin B$$

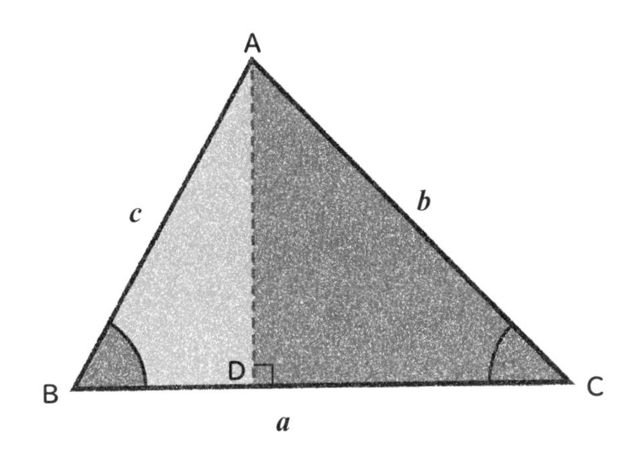

だいぶ三角関数のあつかいになれてきたみたいですね！　では，次にもう一方の**直角三角形ACD**に注目して**sinC**を使って，同じくADの長さをあらわしてください。

さっきと同じように考えると……。

$$\sin C = \frac{AD}{AC}$$

$$AD = AC\sin C$$

$AC = b$なので

$$AD = b\sin C$$

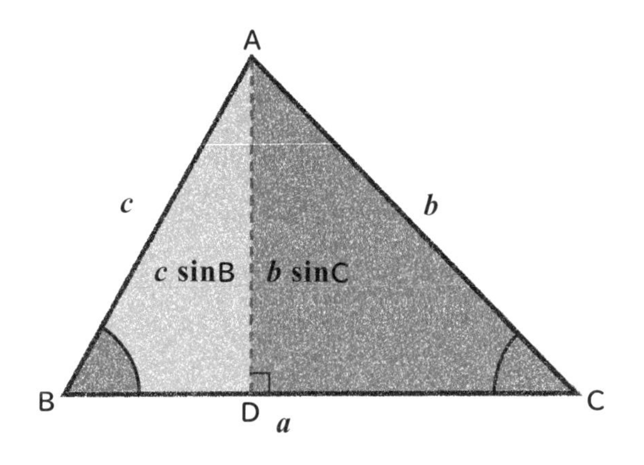

はい，よくできましたね。
今求めた二つのADは同じはずですよね。

$$c\sin B = b\sin C$$

両辺を$\sin B \sin C$で割ると，

$$\frac{c}{\sin C} = \frac{b}{\sin B}$$

お，正弦定理の一部があらわれました！

はい，お疲れさまでした。同じようにして，頂点Bから ACに垂直な線を引くと，$\dfrac{a}{\sin \mathrm{A}} = \dfrac{c}{\sin \mathrm{C}}$ を導くこともできます。

つまりこれらをまとめると，

$\dfrac{a}{\sin \mathrm{A}} = \dfrac{b}{\sin \mathrm{B}} = \dfrac{c}{\sin \mathrm{B}}$ となります。

なるほどー。

ちゃんと正弦定理が成り立つことがわかりました。

スーパーまでの距離は？

それじゃあまた最後に正弦定理を使った問題に挑戦してみましょう！

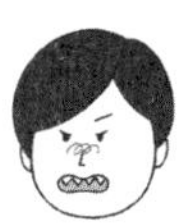

がんばります。

ではいきますよ。

問題

吉田くんは普段，家から300メートルの距離にあるコンビニを利用しています。最近，近所に新しくスーパーがオープンしたので，もしコンビニよりも近ければ，今度からはそっちも利用したいと考えています。

吉田くんはスーパーまでの距離を直接測ろうとしました。しかし今，道の途中に大きなイヌがいるため，怖くて通れません。そこで，家から見たスーパーとコンビニの間の角度と，コンビニから見たスーパーと家の間の角度をそれぞれ測りました。すると，イラストのようになりました。さて，新しいスーパーは，家から何メートルの距離にあるのでしょうか？

$\sin 37° = 0.60$，$\sin 64° = 0.90$ とします。

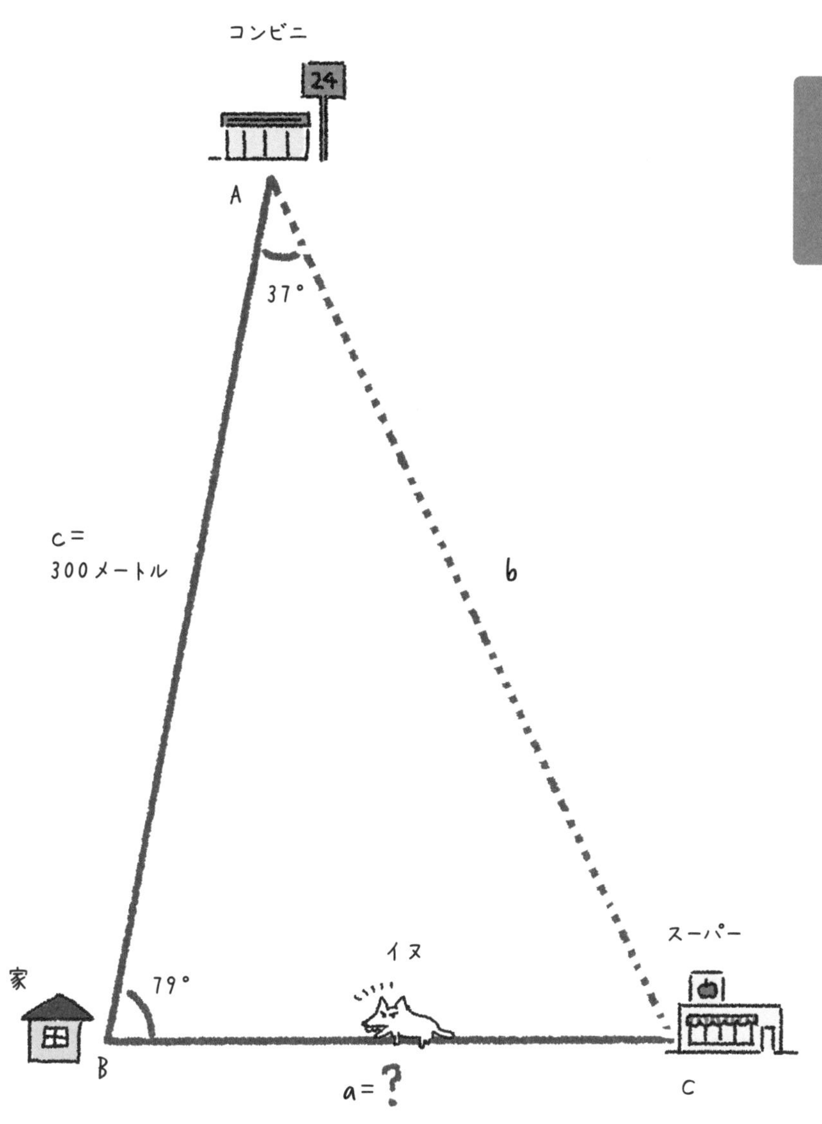
コンビニ
24
A
37°
c=
300メートル
b
家
79°
イヌ
スーパー
B
a=?
C

出た吉田！
イヌが怖くて通れないって……。

はい，**正弦定理**を使って解いてみてください。

えーっと。
三角形ABCで考えると，cの長さ，AとBの角度がわかっているんですね。それで，aがわからないと。

そうですね。でも三角形の二つの角度がわかっているということは……

あ，そうか，三角形の内角の和は180°だから，
角C＝180°－角A－角B＝64°ってことですね。

そうです！　これで，あとは正弦定理をうまく使えばすぐに解けますよ。

$\frac{a}{\sin A}=\frac{b}{\sin B}=\frac{c}{\sin C}$ですよね。
えっとbについては，まったく長さの情報がないですよね……。
うーん，真ん中の$\frac{b}{\sin B}$は使えなさそうなので，無視して，
$\frac{a}{\sin A}=\frac{c}{\sin C}$を使いますね。

はい！

じゃあそれぞれの数値を代入してみます。

$$\frac{a}{\sin A} = \frac{c}{\sin C}$$

$\sin A = 0.60$, $\sin C = 0.90$, $c = 300$を代入する

$$\frac{a}{0.60} = \frac{300}{0.90}$$

$$a = 0.60 \times 300 \div 0.90$$
$$= 200$$

ズバリ，200メートルでしょう！

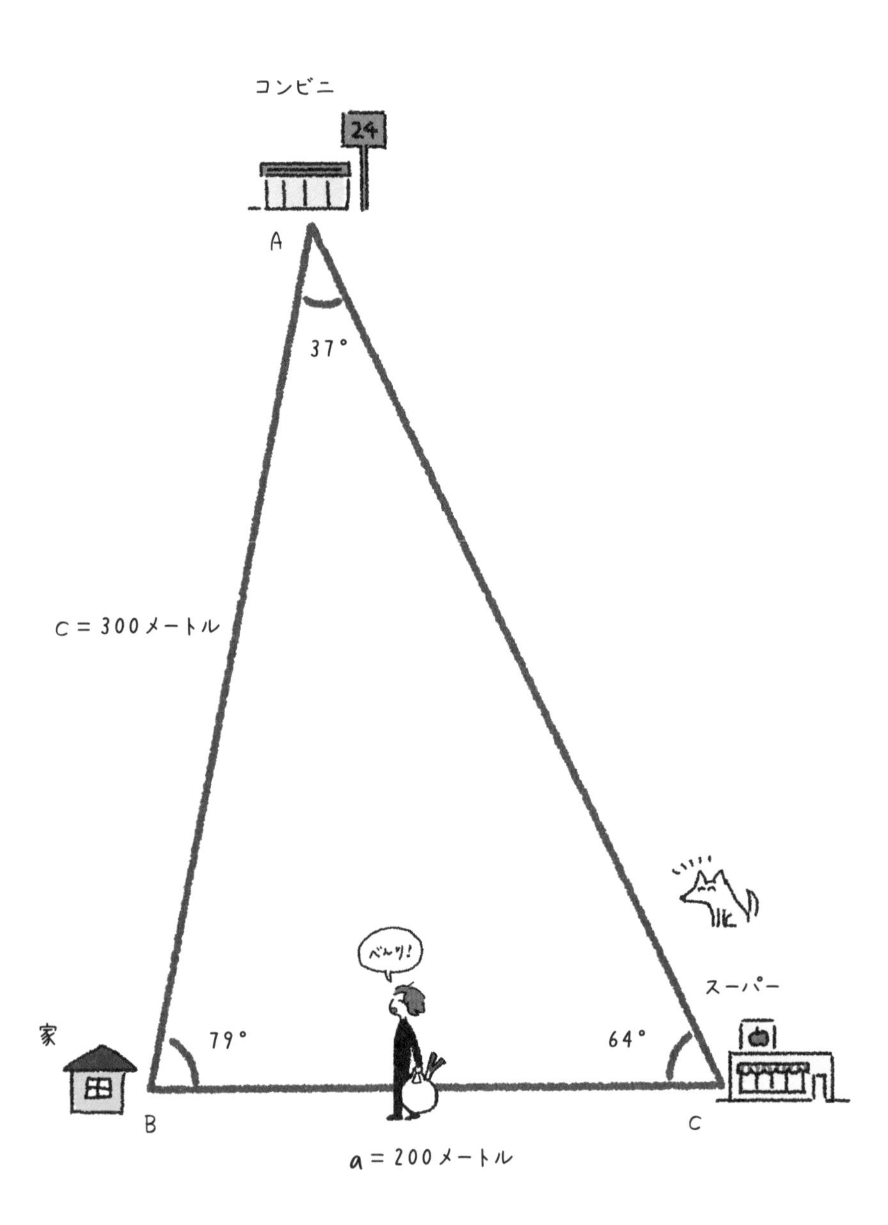
コンビニ
24
A
37°
c = 300メートル
べんり!
スーパー
家
79°
64°
B
C
a = 200メートル

お見事！
正弦定理もマスターです！

コンビニよりも100メートル近いから，吉田くんは今後スーパーを使うんでしょうかね。
でも，スーパーに行く途中にいるイヌは大丈夫なんでしょうか。

STEP 4

加法定理でいろんな角度の値を知る

ここまで見てきた 30°や 45°，60°以外の角度でも，加法定理という定理を使えば，サイン，コサイン，タンジェントの値を知ることができます。加法定理について見ていきましょう。

三角関数の値を加法定理で求める

今までいくつも**サイン**や**コサイン**の値を求めてきましたね。

ええ，$\sin 30^\circ = \frac{1}{2}$ とか，$\cos 45^\circ = \frac{1}{\sqrt{2}}$ とか。よく出てくるので，いくつかは覚えちゃいましたよ（えっへん）。

いい調子ですね。じゃあ，**sin75°の値**はわかりますか？

75°？　今まで出てきませんでしたね。じゃあとりあえず三角形をえがいてみます。

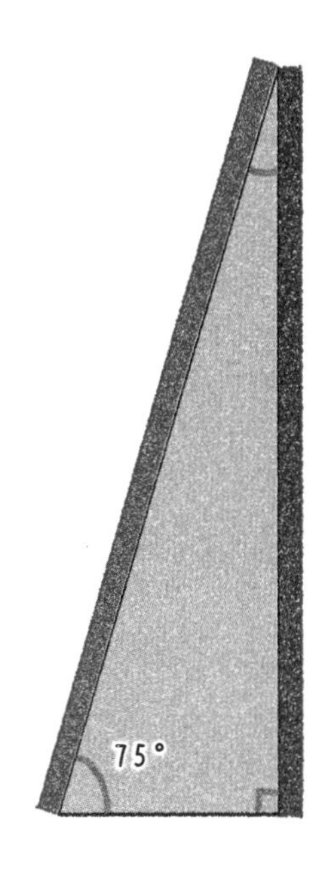

むむむ……，
まったくわかりません！ 先生教えて！

相変わらずあきらめがいいですね。
今まで求めたサインなどの値は，正三角形や二等辺三角形など，わかりやすい特徴をもつ三角形のときだけでした。でも実はそれ以外の角度になると，サインやコサインの値を求めるのはむずかしいんです。

先生，いじめないでください……。

まぁまぁ。でもこんな角度でも，**三角関数の値を出す技**があるんですよ。

ワザ!?

加法定理という裏技です。

重要公式⑥

加法定理

$$\sin(\alpha+\beta)=\sin\alpha\cos\beta+\cos\alpha\sin\beta$$

$$\sin(\alpha-\beta)=\sin\alpha\cos\beta-\cos\alpha\sin\beta$$

$$\cos(\alpha+\beta)=\cos\alpha\cos\beta-\sin\alpha\sin\beta$$

$$\cos(\alpha-\beta)=\cos\alpha\cos\beta+\sin\alpha\sin\beta$$

$$\tan(\alpha+\beta)=\frac{\tan\alpha+\tan\beta}{1-\tan\alpha\tan\beta}$$

$$\tan(\alpha-\beta)=\frac{\tan\alpha-\tan\beta}{1+\tan\alpha\tan\beta}$$

う，うわぁ！

どうしました？

いや，なんだかめまいが。
またもや，**定理**……。しかも今度は，**六つも式が。**
わからないなりに，ここまでどうにかついてきましたけど，私はもうここまでのようです。

まぁまぁぼんやりと雰囲気だけ感じとってもらうだけでいいですから。

この式は，**さっぱり意味不明です。**

これらは，**二つの角度を足した場合の三角関数を計算する公式**です。
たとえば**sin**75°は，**sin**（30°＋45°）として考えることで，一つ目の式を使って値を求められるんです！

ほぅ。

実際に加法定理の公式の一つ目を使って，計算してみましょう。

$$
\begin{aligned}
\sin 75^\circ &= \sin(30^\circ + 45^\circ) \\
&= \sin 30^\circ \cos 45^\circ + \cos 30^\circ \sin 45^\circ
\end{aligned}
$$

30°と45°のそれぞれのサインとコサインの値はすでに知っていますね。

はい！　2時間目でやりました！
それじゃあ上の式にサインとコサインの値を当てはめて計算してみますね！

$$\sin(30°+45°)$$
$$=\sin 30° \cos 45° + \cos 30° \sin 45°$$
$$=\frac{1}{2}\times\frac{1}{\sqrt{2}}+\frac{\sqrt{3}}{2}\times\frac{1}{\sqrt{2}}$$
$$=\frac{1+\sqrt{3}}{2\sqrt{2}}$$

よくできました！
ちょっと計算の一工夫ですが，この答えの分子分母に$\sqrt{2}$をかけるともう少し単純になるので，かけてみましょう。

$$\sin(30°+45°)=\frac{1+\sqrt{3}}{2\sqrt{2}}$$
$$=\frac{(1+\sqrt{3})\times\sqrt{2}}{2\sqrt{2}\times\sqrt{2}}$$
$$=\frac{\sqrt{2}+\sqrt{6}}{4}$$

おめでとうございます！ そのままでは値が求めづらい$\sin 75°$を求めることに成功しました！

$\sin 75° = \dfrac{\sqrt{2}+\sqrt{6}}{4}$ です。

我ながらすごいなあ。

それではおまけに，**$\cos 15°$の値**も求めてみましょうか。15°はやっぱりそのままでは求めるのがむずかしい値です。

加法定理を使って$\cos 15°$を求めるときには，代表的な角度の足し算や引き算で15°をあらわすのがコツです。

15°なら……，30°と60°じゃだめだし……。
うーん，**あっ！ 60°−45°**です！

いいヒラメキです！
では，先ほどの公式の四つ目を使って，$\cos 15°$を求めてください。

公式に当てはめてみますね。

$$\cos(60°-45°)$$
$$=\cos60°\cos45°+\sin60°\sin45°$$
$$=\frac{1}{2}\times\frac{1}{\sqrt{2}}+\frac{\sqrt{3}}{2}\times\frac{1}{\sqrt{2}}$$
$$=\frac{1+\sqrt{3}}{2\sqrt{2}}$$

分子分母に$\sqrt{2}$をかける

$$\cos(60°-45°)=\frac{(1+\sqrt{3})\times\sqrt{2}}{2\sqrt{2}\times\sqrt{2}}$$
$$=\frac{\sqrt{2}+\sqrt{6}}{4}$$

というわけで$\cos15°=\frac{\sqrt{2}+\sqrt{6}}{4}$です！

わーい。

加法定理は何に使われるの？

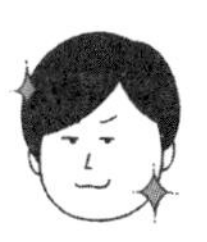

加法定理を使ってむずかしい角度の三角関数の値を求めることができました！

ふふふ。ところで，**三角関数の表**を巻末に掲載しています。**1°刻みで**サイン，コサイン，タンジェントの値が載っているものです。

あれ？　これを使えば，わざわざ計算で75°とか15°の三角関数を求める必要はないんじゃないんですか？

まぁ，今ではこの表を見れば一瞬でわかりますから，いちいち加法定理を使って計算するのは面倒ですよね。でも，三角関数表がないとき，加法定理が威力を発揮するんですよ。

ふむふむ。

そもそも，**三角関数表の元祖**ともいうべきものをつくったのが，古代ギリシアの天文学者である**ヒッパルコス**です。

ほうほう。

それで，ヒッパルコスの表を元にさらに精密にしたのが，同じく古代ローマの天文学者である**プトレマイオス**です。プトレマイオスは，**加法定理に相当する公式**を利用して三角関数表をつくったんです。

クラウディオス・プトレマイオス
（83年ごろ~168年ごろ）

どんなふうに使ったんですか。

たとえば，1°のときのサインとコサインの値がわかっていたとします。
そうすると，**sin**2°の値は，**sin**（1°＋1°）と書けますよね。これにより2°のときのサインやコサインの値がわかります。
3°のときは，さらに**sin**（1°＋2°）というように，足し合わせていくことで，あらゆる角度における三角関数の値を計算することができるんです！

おお，すごい！

プトレマイオスは，著書の『**アルマゲスト**』という本の中で，**0.5°きざみの三角関数の表**をつくり，載せているんですよ。

0.5°! 細かいなあ。

しかもその値は**非常に正確**でした。2世紀の前半にまとめられたのですが，15世紀ごろまで使われたそうですよ。

1400年ほども使われたってことですか!?
すごすぎです。しかもその当時にあんなにややこしい加法定理も使いこなしていたなんて。

プトレマイオスの書いたアルマゲストは，太陽や月，五つの惑星，そして恒星まで，すべてが地球のまわりを回っているという**天動説**が載っていることで有名です。

地球が世界の中心だという考え方ですね。

ええ。でも実際はそうではありませんよね。とくに惑星は星空の間を行ったり来たりして，一見不思議な動きをします。だから惑う星，すなわち**惑星**と名づけられたんです。

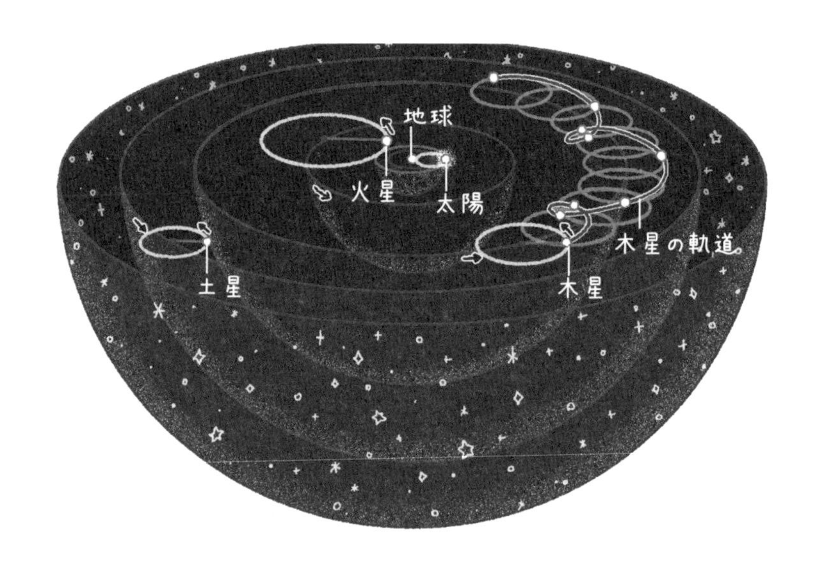

実際にはふらふらしているわけじゃないのに，そんな名前をつけられちゃったんですね。

なぜこのように動くのか考えた末に，惑星は地球のまわりを回りながら，その**軌道上**でさらに小さな円をえがいていると考えれば，この現象を無理なく説明できると思いついたのです。

すごいですね。そんなアイデアを思いつくなんて。僕なら「あっちこっち動く星なんだなー」で納得しちゃいます。

とはいえ，さらに詳細な観測から，地球や惑星が太陽のまわりを動いていると考えたほうが，天体の動きをうまく説明できると考える人が出てきます。

地動説ですね！

ええ。天動説は現在からみれば間違いだとわかりますが，天体の動きのかなりの部分を説明できました。だからこそ天動説は16世紀まで信じられたのかもしれませんね。

この**理論**をつくり上げるためにも，**加法定理が一役買っていた**んですね。

加法定理がなぜ成り立つのか考えよう

それにしても**加法定理って複雑**な式ですね。昔の人は，どうやってこんな公式を思いついたんでしょう。

そうですよね。それがおもしろいことに，**1枚の長方形の紙**を折ってみると，**簡単に加法定理を理解できる**んですよ。

えっ， 長方形の紙1枚でですか!?　こんなにわけのわからない式なのに……。信じられないです。

疑ぐり深いですね。では1枚の長方形の紙を用意してください。これを縦向きに置いて，次のイラストのように折ってみてください。

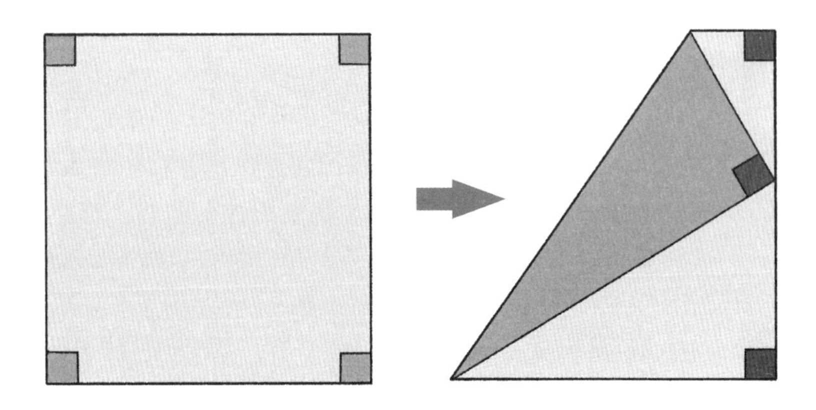

台形になりましたね。

そうですね。この台形について，イラストのように各点をA，B，C，D，Eと名づけました。そして左下の角を図のようにα，βとします。また斜めの辺の長さを1としましょう。

はい。

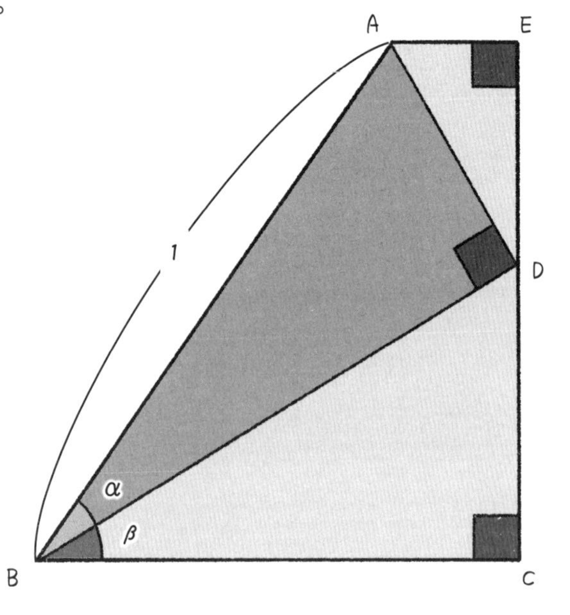

この図を使って，なぜ加法定理が成り立つことを確かめられるんでしょうか？

さっきの台形に，さらにもう一本，AからBCと垂直に交わる直線を引いてみますね。

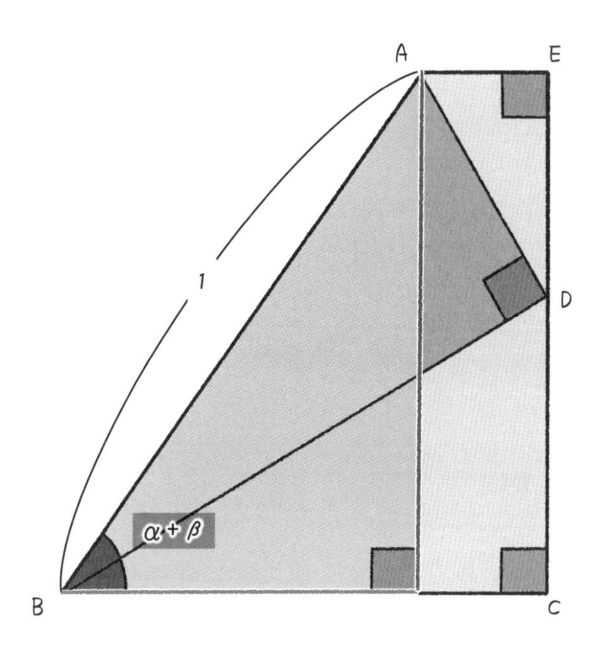

濃い直角三角形に注目すると，左下の角度が（$\alpha+\beta$）になっていますね。つまり，濃い**直角三角形の辺の長さがすべてわかれば，（$\alpha+\beta$）に対するサインやコサイン，タンジェントの値を導くことができるんです。**

ふむふむ。
どうすれば，直角三角形の辺の長さがわかるんでしょうか？

そのためには，**紙を折ってできる台形の各辺の長さを求める**ことが必要です。

なんだかむずかしそうです。

そんなことありませんよ。
じゃあやってみましょう。**まず，すぐに求められる角度を確認**しておきましょう。

右下の図の①の角度は，直角三角形BCDに注目すると，**三角形の内角の和が180°**というところから，
$180° - 90° - \beta = 90° - \beta$とわかります。
②の角度についても，①＋90°＋②＝180°になるはずなので，②はβであることがわかります。

ここまではOKです。

はい，じゃあ辺の長さを求めていきましょうね。
まず，直角三角形ABDに注目します。辺ADについて求めてみましょう。

$$\sin\alpha = \frac{AD}{AB} = \frac{AD}{1}$$ だから，

$$AD = \sin\alpha$$

次に，BDです。

$$\cos\alpha = \frac{BD}{AB} = \frac{BD}{1}$$ だから，

$$BD = \cos\alpha$$

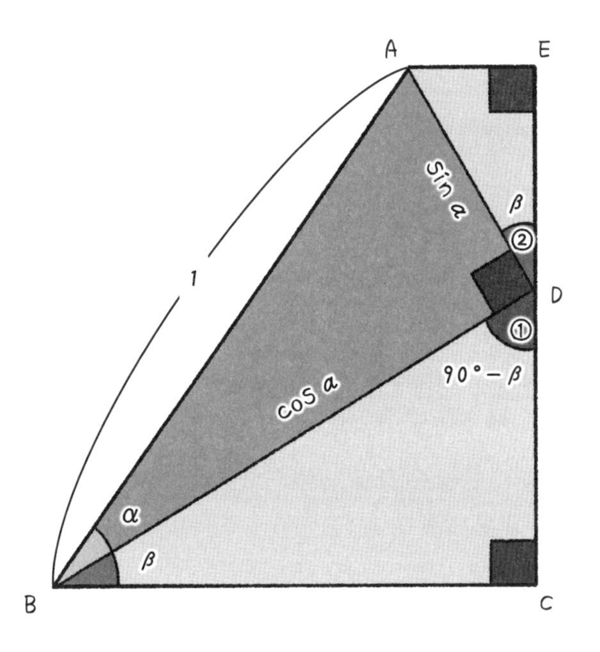

まだまだ長さのわからない辺が残っていますね。

次は直角三角形BCDに注目して，CDの長さを求めてみましょう。

$$\sin\beta = \frac{CD}{BD} = \frac{CD}{\cos\alpha}$$ だから，

$$CD = \cos\alpha\sin\beta$$

それから，BCの長さです。

$$\cos\beta = \frac{BC}{BD} = \frac{BC}{\cos\alpha}$$ だから，

$$BC = \cos\alpha\cos\beta$$

あと少しですね。

最後に右上の直角三角形ADEに注目してみます。
AEを求めますよ。

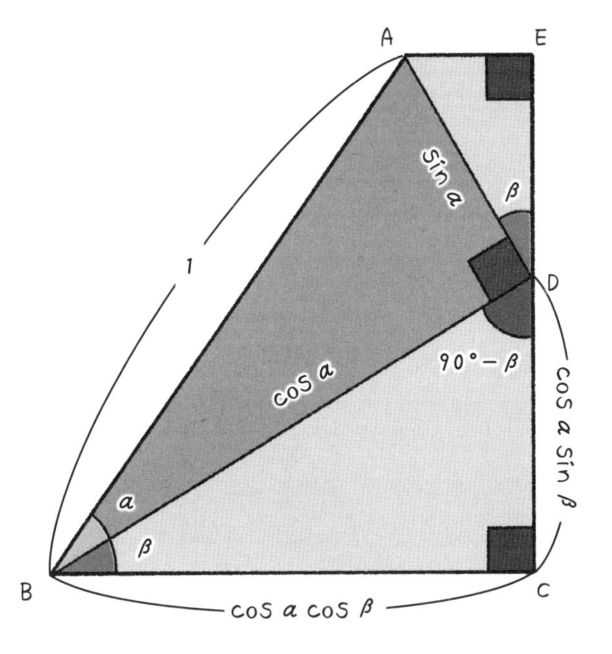

$$\sin\beta = \frac{AE}{AD} = \frac{AE}{\sin\alpha}$$ だから,

$$AE = \sin\alpha\sin\beta$$

それから，DEです。

$$\cos\beta = \frac{DE}{AD} = \frac{DE}{\sin\alpha}$$ だから,

$$DE = \sin\alpha\cos\beta$$

ふーっ，

これで全部の辺の長さを求めることができました。

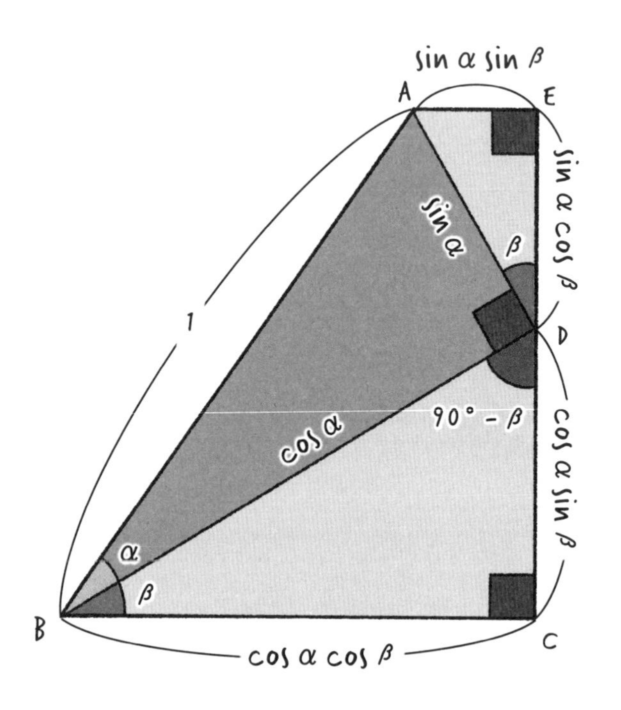

長い道のりでした……。

お疲れさまです。ここで，もう一度点AからBCと垂直に交わる直線を引いて，BCと交わる点をHとします。では，**sin**$(\alpha+\beta)$，**cos**$(\alpha+\beta)$，**tan**$(\alpha+\beta)$を計算してみましょう！

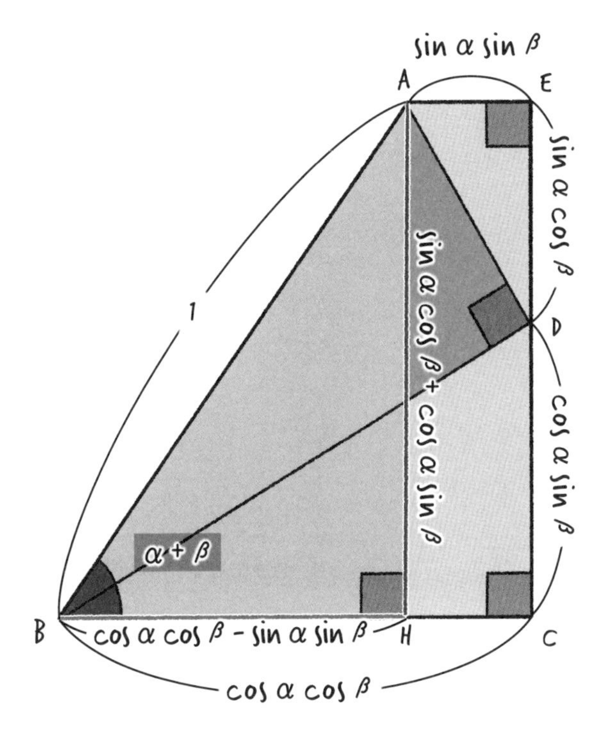

やっとゴールが見えてきました。

直角三角形ABHの角Bに注目しますよ。
もうこの直角三角形の辺の長さは一目でわかるので，あとはヨユーですね。

●$\sin(\alpha+\beta) = \dfrac{AH}{AB}$

$= \sin\alpha\cos\beta + \cos\alpha\sin\beta$

●$\cos(\alpha+\beta) = \dfrac{BH}{AB}$

$= \cos\alpha\cos\beta - \sin\alpha\sin\beta$

●$\tan(\alpha+\beta) = \dfrac{AH}{BH}$

$= \dfrac{\sin\alpha\cos\beta + \cos\alpha\sin\beta}{\cos\alpha\cos\beta - \sin\alpha\sin\beta}$

右辺の分母と分子を$\cos\alpha\cos\beta$で割る

$$\tan(\alpha+\beta) = \frac{\dfrac{\sin\alpha\cancel{\cos\beta}}{\cos\alpha\cancel{\cos\beta}} + \dfrac{\cancel{\cos\alpha}\sin\beta}{\cancel{\cos\alpha}\cos\beta}}{\dfrac{\cancel{\cos\alpha}\cancel{\cos\beta}}{\cancel{\cos\alpha}\cancel{\cos\beta}} - \dfrac{\sin\alpha\sin\beta}{\cos\alpha\cos\beta}}$$

$$= \frac{\dfrac{\sin\alpha}{\cos\alpha} + \dfrac{\sin\beta}{\cos\beta}}{1 - \dfrac{\sin\alpha}{\cos\alpha} \cdot \dfrac{\sin\beta}{\cos\beta}}$$

$$= \frac{\tan\alpha + \tan\beta}{1 - \tan\alpha\tan\beta}$$ となります。

えっ，サインとコサインはいいですけど，タンジェント，むずかしすぎませんか!?

ちょっと**タンジェントだけは式変形が複雑**でしたね。できなくてもいいので，考え方だけぼんやりつかんでおいてもらえるとよいかと思います。

でも，すごいですね。紙を折っただけで加法定理を証明できるなんて，**魔法みたいです。**

そうそう。パズルを解くようなおもしろさがありますね。ここでは角度が$\alpha+\beta$のときの公式について証明しましたが，$\alpha-\beta$のときについては，公式のβのところに$-\beta$を代入すれば，証明することができます。ただし，これを計算するには4時間目で紹介する公式を使う必要があるので，ちょっとここでは省略しますね。

はい！

三角関数を使って三角形の面積を求めてみよう！

ところで，**三角形の面積**を求める公式は知っていますか？

見くびってもらっちゃ困ります！
さすがに三角形の面積くらいは求められますよ。
三角形の面積$=\frac{1}{2}\times$底辺$\times$高さですよね。小学校の問題じゃないですか。

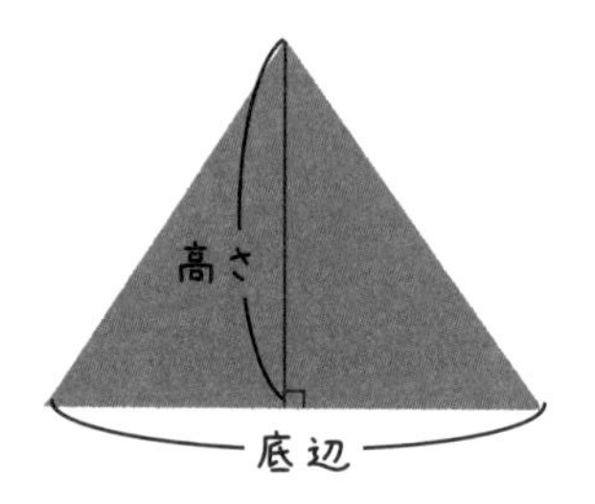

ええ，その通りです。でも，三角形の**高さ**って結構求めるの**大変**ですよね。三角形の辺の長さを測るだけじゃだめですから。

いわれてみればそうですね。高さを測るには，ぴったり底辺と垂直な線を引かないといけませんからね。

でも，実は**三角関数の公式**を使えば，高さがわからなくても，三角形の面積を求められるんです！　これがその公式です。

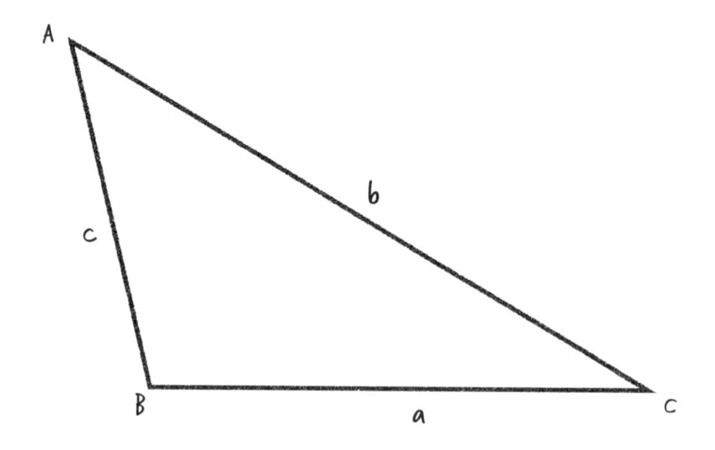

重要公式⑦

$$S=\frac{1}{2}ab\sin C$$

三角形の2辺の長さと，その間の角の大きさから，面積がわかってしまうんです！

もう，公式ばっかで頭ぐるぐるです。

3時間目で紹介する公式は，これで最後ですから。
それでは試しに三角形の面積を求めてみましょうか。求めたい面積はありますか？

はい。では近所の三角形の**池の面積**を求めたいです。たまに釣りに行くのですが，結構広そうなのでどのくらいか知りたいな。

なるほど。池に行けば，三角形の高さは無理ですが，2辺とその間の角の大きさは測ることができますね。
頂点をA，B，Cとして，それぞれの対辺の長さをa，b，cとしましょうね。長さは……。

はい。行って測ってきました！
a＝30メートル，b＝40メートル，角C＝30°でした！

えぇっ，いつの間に!?

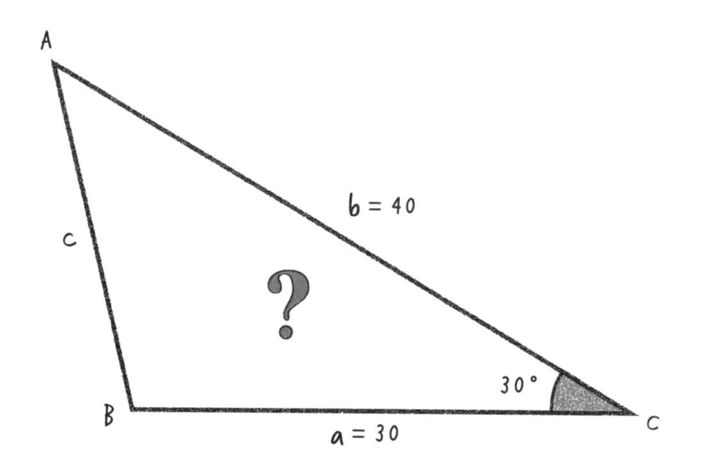

ではこれらの値を先ほどの公式に代入して，面積Sを求めてみましょう。

$$S = \frac{1}{2}ab\sin C$$

$a = 30, b = 40$, 角$C = 30°$を代入

$$S = \frac{1}{2} \times 30 \times 40 \times \sin 30°$$

$$= \frac{1}{2} \times 30 \times 40 \times \frac{1}{2}$$

$$= 300$$

はい，池の面積は**300平方メートル**となります。

おぉー，公式ってやっぱり便利ですね！
ところで，この池，けっこう広いんですけど，いつもぜんぜん魚釣れないんですよね。

面積の公式を確かめよう！

先生，やっぱりこの面積の公式も確かめますか？

ええ，もちろん！
小学校で習った三角形の面積を求める公式では，底辺と高さが必要でしたよね。

はい。

この考え方は先ほどの公式でも変わらないんです。三角関数を使って高さを出してやるんです。

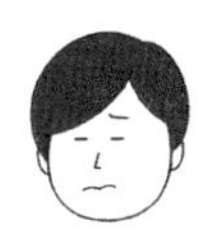

??

次の三角形ABCの面積を求めることにします。
頂点Aから対辺BCに垂直な線を下ろし，その交点をHとしました。

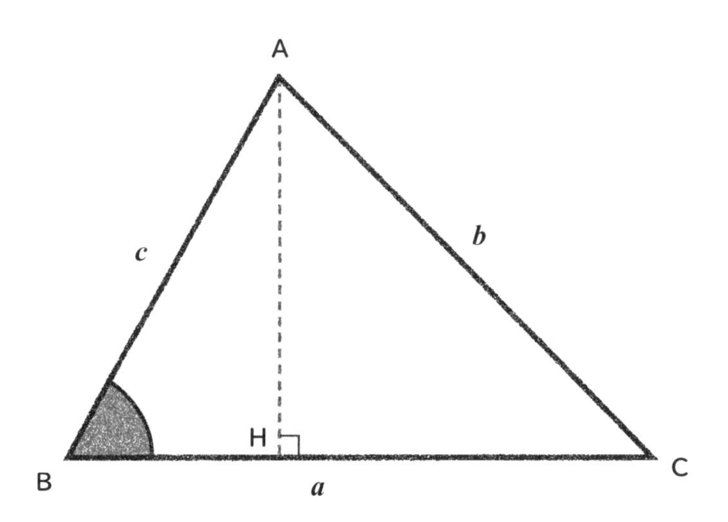

底辺がa，高さがAHということですね。
面積は $\frac{1}{2}\times a\times \mathrm{AH}$……②
になると思います。

いいですね！
先ほどの公式に少し似ている気がしませんか？

たしかに。

このAHをサインを使ってあらわしてやればいいんです。
直角三角形ACHに注目しましょう。

$$\sin C = \frac{\mathrm{AH}}{b}$$

$$\mathrm{AH} = b\sin C$$

お，AHの長さがサインであらわせました。

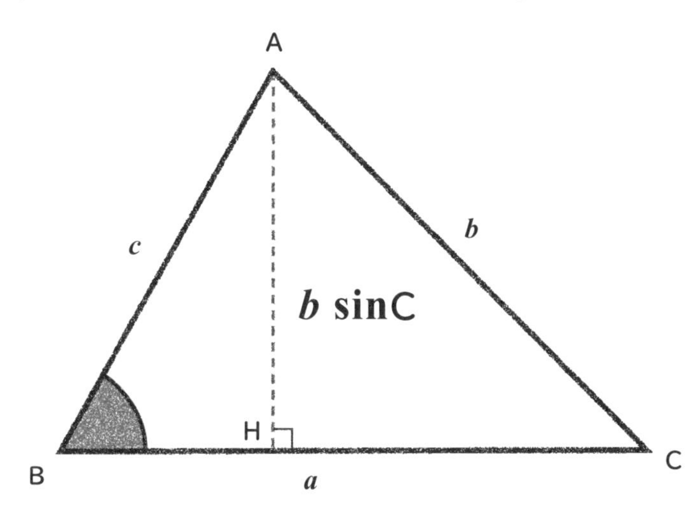

そうですね。じゃあこれを，先ほどの式②に入れてみましょう。

はい。

$$S = \frac{1}{2} \times a \times AH$$

$$= \frac{1}{2} \times a \times b\sin C$$

$$= \frac{1}{2} ab\sin C$$

はい。サインを使った面積の公式がちゃんと出てきましたね。

なるほど。**三角関数を使って高さを求めたら，この式になるんですね！**

ええそうです。
同じようにして考えると，
$S = \frac{1}{2}ab\sin C$ と $S = \frac{1}{2}ac\sin B$ が成り立つことも確認できますよ。どの辺と角がわかっているかで，うまく使い分けてください。

地図の作成に欠かせない三角形

ほんっと三角関数は公式ばっかりですね。
もうくたくたです……。
とても覚えられません。

まぁ公式を使いたくなったら，いつでもこの本を見ればいいんですよ。**とにかく三角関数の公式を使えば，三角形の一部の角や辺の大きさがわかれば，ほかの角や辺の大きさを求められます。**それから面積なんかもわかるんでしたね。

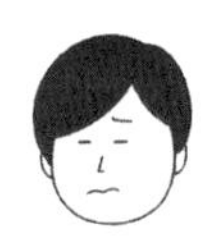

はぃ。
でも，それがいったい何の役に立つんでしょうか？

2時間目で伊能忠敬の**日本地図づくり**の話をしましたけど，三角関数は伊能忠敬以降も，地図づくりに欠かせない道具だったんです！　3時間目の最後に，地図づくりと三角関数について，簡単に説明しましょう。リラックスして聞いてください。

はい。

さて，**三角測量**って聞いたことありますか？

言葉だけなら，聞いたことがある気がします。
あと**三角点**とかも。でも，どういったものかはまったく知りません。

三角測量というのは，三角形の性質を利用して，ある未知の地点の正確な位置を知る方法のことなんです。
地図づくりにおいては，あらゆる地点の場所を正確に知る必要がありますからね。

ほぉ。

その原理を説明します。
三角測量では位置の基準となる二つの点（基準点）を利用します。二つの基準点の間の距離はあらかじめ計測しておきます。そしてまず，二つの基準点と未知の点で**三角形**をつくります。そして基準点どうしを結ぶ辺の**両端の角度**を計測します。

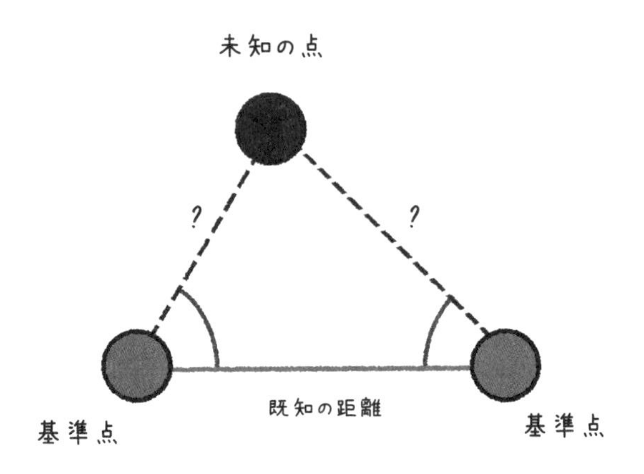

すると，余弦定理などの三角関数の公式を利用することで，三角形のほかの辺の長さなどを計算で求めることができます。つまり，**未知の点の位置を確定できるんです！**

なるほど！

位置が確定した点は，**新たな基準点**としても利用できます。

この基準点が，**三角点**というやつですか？

その通りです。
明治時代より，正確な日本地図をつくるために，1辺が25キロメートル程度になるように**一等三角点**（補点を含める）という基準点が日本全国に設置されていきました。この一等三角点を結んでできる網の目を**一等三角網**といいます。さらにこの一等三角点を基準にして，二等三角点や三等三角点が設置されていきました。

日本列島は，無数の三角形におおわれているわけですね！

ええ。
ただし，現在では地図づくりには，おもに三角測量ではなく，GPSが用いられるようになっていますよ。

偉人伝❷

宇宙論の集大成を著した，
クラウディオス・プトレマイオス

プトレマイオス（83年ごろ～168年ごろ）は，古代エジプトを中心に活躍した天文学者です（英語名はトレミー）。当時のエジプトの思想と伝統はギリシャ的で，プトレマイオスは，古代ギリシャを代表する天文学者といえる人物です。

プトレマイオスの名を高めたのは，彼が著した『アルマゲスト』という書物です。2世紀の前半に完成した全13巻からなるこの本は，「天動説」にもとづいて天文学を集大成したもので，ニコラウス・コペルニクス（1473～1543）が「地動説」を打ち立てるまでの約1400年間にわたって宇宙論の集大成といえるものでした。

『アルマゲスト』は，プトレマイオスに至るまでの古代ギリシャ天文学の研究成果の集大成で，ギリシャの天文学者ヒッパルコス（前190ごろ～前120ごろ）の研究成果も含まれています。アルマゲストは，天動説に関する最も権威ある著書とされています。

古代の人々を悩ませた惑星

古代の人々にとって，惑星の動きはとても不思議な現象であり，そのしくみを説明することに頭を悩ませました。古代ギリシャの学者たちは，長い年月をかけた天文観測のすえ，地球を中心に，月・五惑星・太陽の計七つの天体が回転する宇宙の姿をえがきだしました。これが，現在，わたしたちが「天動説」とよんでいる考え方です。この天動説をまとめたのがプトレマイオスです。プトレマイオスがアルマゲストで示した惑星のモデルは，観測結果とほぼ一致させることができました。

球面上の三角形で成り立つ三角関数

ヒッパルコスやプトレマイオスは，現在「球面三角法」とよばれている方法も確立しました。「球面三角法」とは，球面上にえがかれた三角形（球面三角形）で成り立つ三角関数のことです。彼らはまた，「弦の表」もつくりました。プトレマイオスは，この表をつくるための計算もアルマゲストで紹介しています。その計算には現在「トレミー（プトレマイオス）の定理」とよばれる定理も登場します。

4

時間目

三角形から波へ

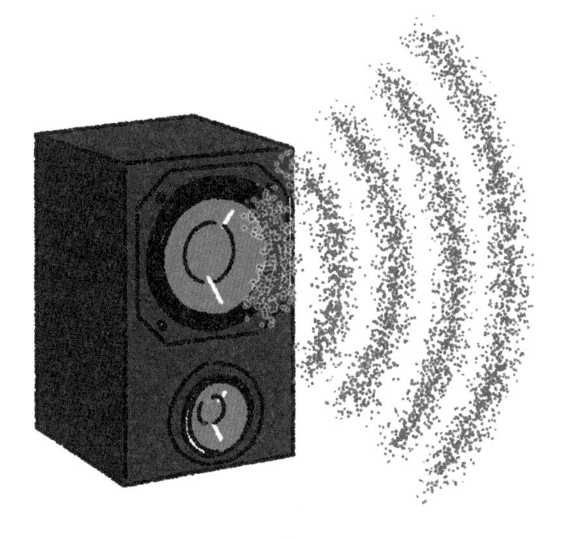

STEP 1

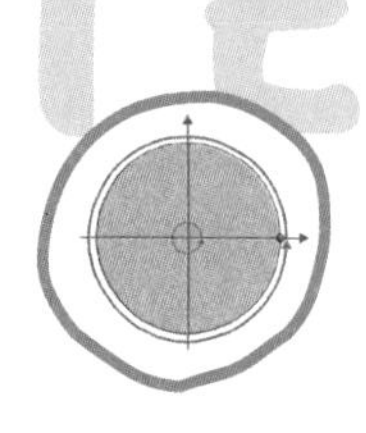

三角関数を円で考える

これまで三角関数を直角三角形の辺の比として考えてきました。この三角関数の定義を考えなおしましょう。それによって三角関数は 90°をこえる角度などもあつかえるようになります。

円を使って三角関数を定義する

今までたくさん三角関数について見てきました。でも先生が1時間目に説明していた，三角関数が波に関係するっていう話がぜんぜん出てきません。いったいどこに波が出てくるんですか。

おっ，よく覚えていましたね。実は**波について考えるためには，三角形を使って三角関数を考えているままではダメなんです。**

えぇっ!?

サインは直角三角形の $\frac{\text{対辺}}{\text{斜辺}}$ って習いましたけど，それが変わるんですか!?　今までやってきたのはなんだったんですか！

まぁまぁ，そうあわてないでください。

そんなに根本から変わるわけではないですから。

じゃ改めて三角関数の定義について考えてみましょう。

今まで使ってきた三角関数の定義はどのようなものでしたか。

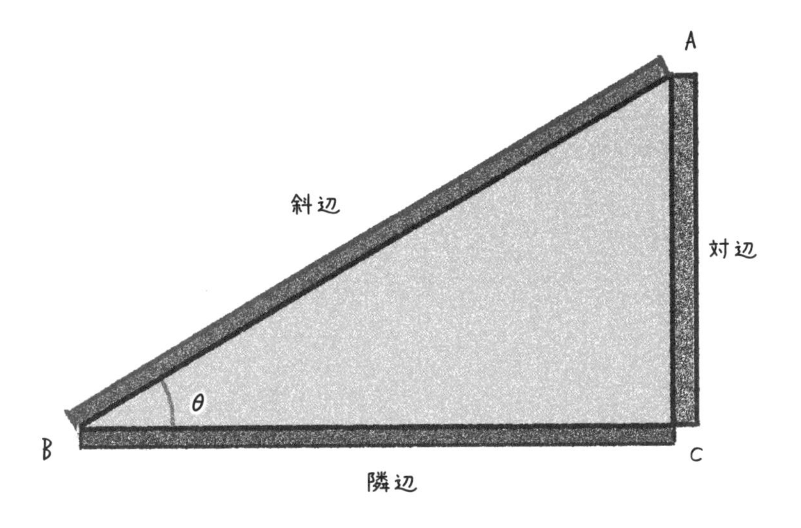

えーっと……。

$$\sin\theta = \frac{対辺}{斜辺}$$

$$\cos\theta = \frac{隣辺}{斜辺}$$

$$\tan\theta = \frac{対辺}{隣辺}$$

はい，その通りです。今までは直角三角形の辺を使って三角関数を定義していました。ですが，この方法だと θ が0°から90°の間でしか三角関数を定義できませんよね。

そうなんですか？

ええ。直角三角形は三つの角のうち一つが90°ですから，残りの角度の和は最大でも90°にしかなりません。

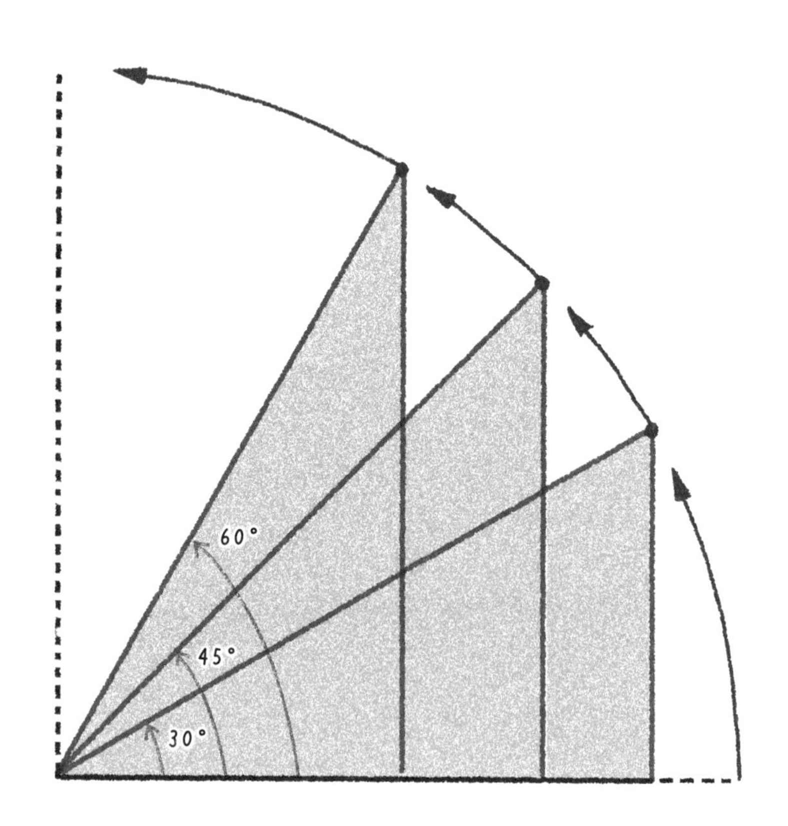

本当だ。角度が90°をこえると，直角三角形じゃなくなってしまうように思います。

90°よりも，もっと大きな角度，さらに言えばどんな角度でも三角関数をあつかいたくなりますよね。

僕は今のままでお腹いっぱいですけど。

まぁまぁそういわずに。**波にたどり着くため**です！
というわけで，直角三角形ではなく，**円**を使って三角関数を考え直しましょう。

えっ，**円**ですか？
いきなり円だなんて，むずかしそうです。

おやおや。でも2時間目でサインやコサインの変化を考えるときに，斜辺を1とする直角三角形で考えましたよね。角度を変化させると，頂点Aは**円弧**，すなわち**円の一部**をえがいていました。

言われてみれば……。

というわけで
三角関数を円を使って考えていきます。
さて，ここで少し脱線しますが，円であらわすにはちょっとした**道具**が必要です。

どんな道具ですか？

それは**座標**です。

ざひょう？ 何でしたっけ，座標って。

座標は，ある点の位置をあらわすための道具です。
基準となる点（原点）で垂直に交わる二つの軸を定めて，そこからの「縦」と「横」の距離によって，ある点の位置を指し示します。
数学でよく使われる座標では，**横軸をx軸**，**縦軸をy軸**とよびます。二つの軸が交わる点が**原点**です。

ふぅむ。

ある地点の場所は，**原点を基準として，縦方向の位置をyの値で，横方向の位置をxの値で指定するんです。**
たとえば，右上の図の赤い点であれば，xが1，yが3のところにありますから，（1，3）とあらわすことができます。かっこの中の左の数字が横の位置（x），右の数字が縦の位置（y）をあらわしていますからね。

中学校で習ったのをぼんやりと思い出しました！

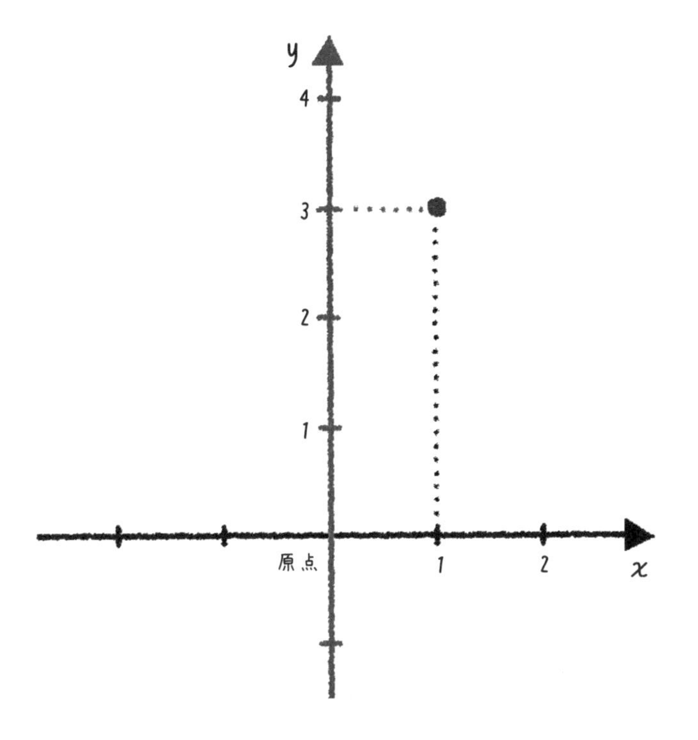

それでは改めて三角関数を円を使って考えてみましょう。x**軸**，y**軸**を書きます。そして**原点O**を中心とする半径1の円をえがいてみましょう。

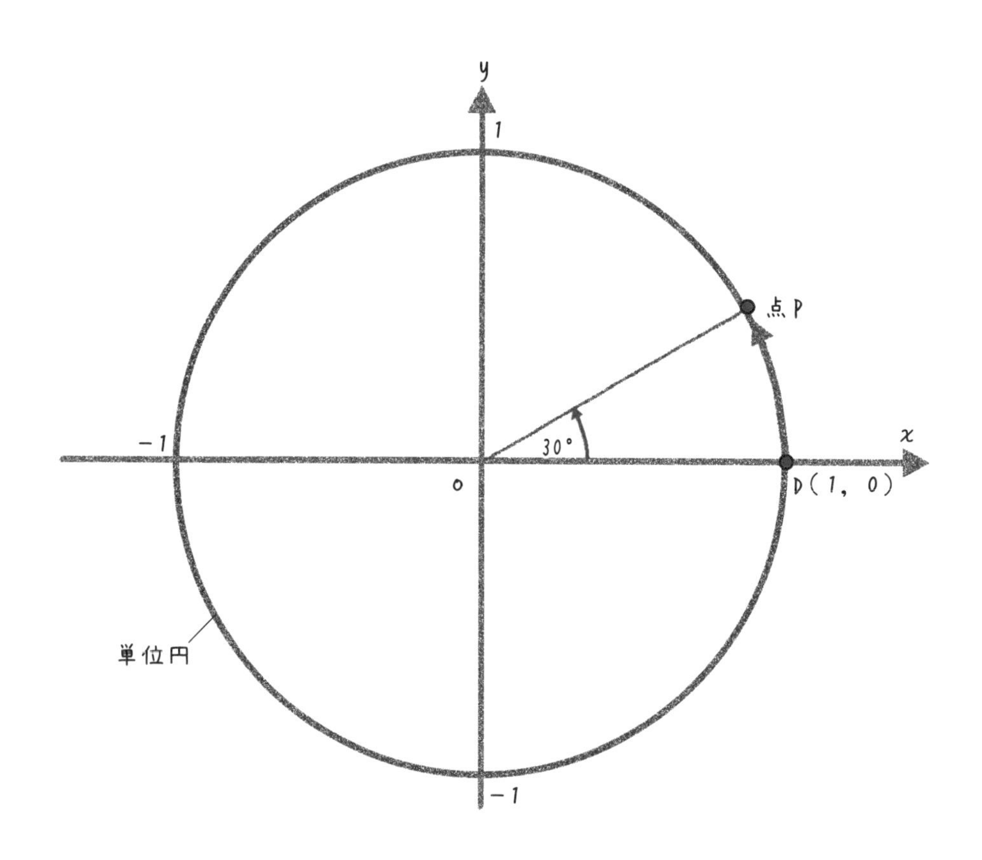

はい。このような半径1の円を，**単位円**とよびます。ここで，この円に沿って反時計回りに動く**点P**を考えます。

点Pとか出てくると，めっちゃむずかしそうです。

まぁまぁそれほどむずかしくありませんから。
これから，この**点Pの位置**を考えていきますよ。
まず，点Pが（1，0）の点Dから30°反時計回りに回転したとき，点Pの位置はどこにあるでしょうか？

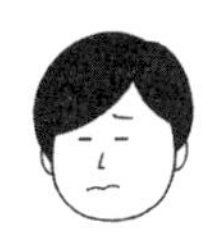

点Pの位置ですか？
ぐぬぬぬ。わかりません。

じゃあ大ヒントです。
斜辺＝1，角B＝30°の直角三角形ABCを重ねてみましょう。

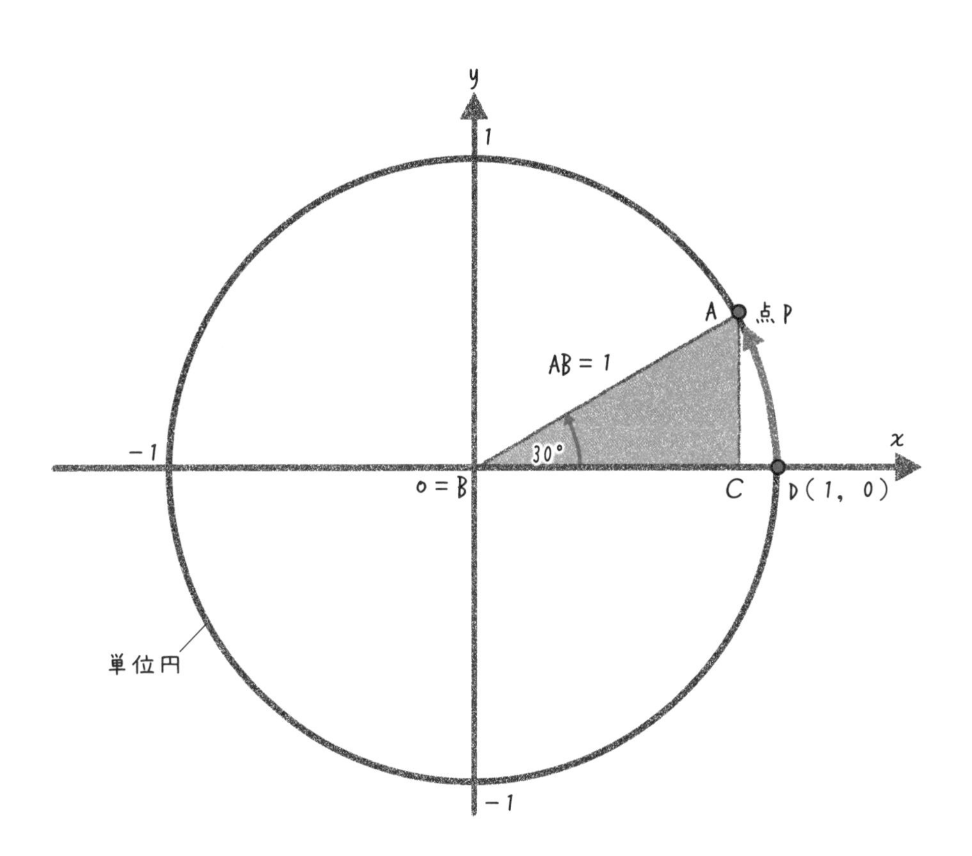

あ，点Pの位置と頂点Aの位置がぴったり重なります。

そうですね。点Pと点Aは，同じ位置にあります。そこで点Aの位置を考えると，角Bの隣辺の長さだけ原点からx軸方向にはなれています。そして，角Bの対辺の長さだけ原点からy軸方向にはなれています。

はい。

それで，2時間目を思い出してほしいんですけれど，**斜辺＝1の直角三角形では，隣辺の長さが$\cos\theta$に，対辺の長さが$\sin\theta$になるんでした。**

あっ！
ということは，頂点Aすなわち点Pの位置っていうのは（$\cos 30°$，$\sin 30°$）になるってことですか？

その通りです！
同じように，点Pが60°回転したときは，点Pの位置は（$\cos 60°$，$\sin 60°$），すなわち（$\frac{1}{2}$，$\frac{\sqrt{3}}{2}$）になります。**点Pが0°～90°の間のどこにいようとも，点Dからθ回転させると，その位置は，（$\cos\theta$，$\sin\theta$）であらわせるんです。**

ふむふむ。回転した角度さえわかれば，簡単に点Pの位置が割り出せるんですね。

それで，もう逆に，**点Pがθだけ回転したとき，そのx座標を$\cos\theta$，y座標を$\sin\theta$と定義し直しましょう！**

ここ超大事ですからね！

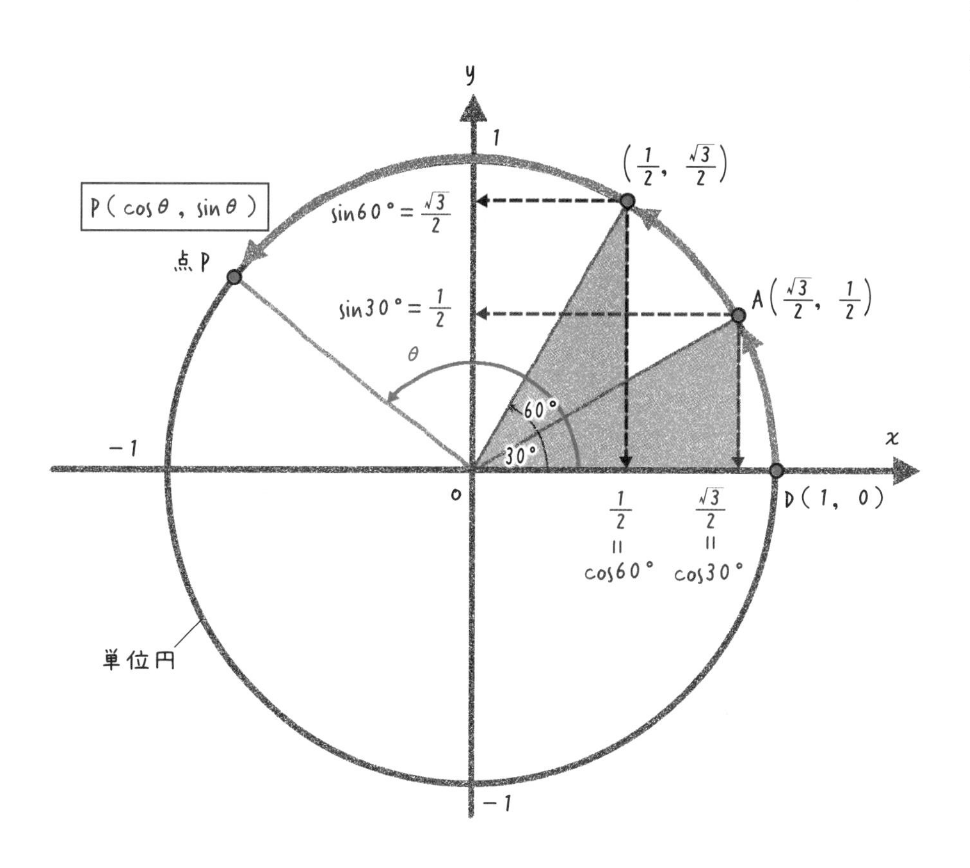

えっ!?
なんでそんなよくわかんないことをするんですか？

こうすることで点Pは，90°をこえる角度や，マイナスの角度まで動くことができます。つまり，三角関数があらゆる角度をあつかうことができるようになるんです。

おー，
三角関数が直角三角形から解き放たれるんですね！
ところで，タンジェントはどうなるのですか。

タンジェントは3時間目にやったように，$\sin\theta$と$\cos\theta$を使って$\tan\theta=\frac{\sin\theta}{\cos\theta}$とあらわせます。ですから**$\sin\theta$と$\cos\theta$が決まって，$\cos\theta$が0にならなければ，値が決まります。**

90°よりも大きな角度を考えよう

具体的に90°をこえる角度では，サインやコサインの値はどうなるのでしょうか。

それでは，θが150°のときを見てみましょうか。

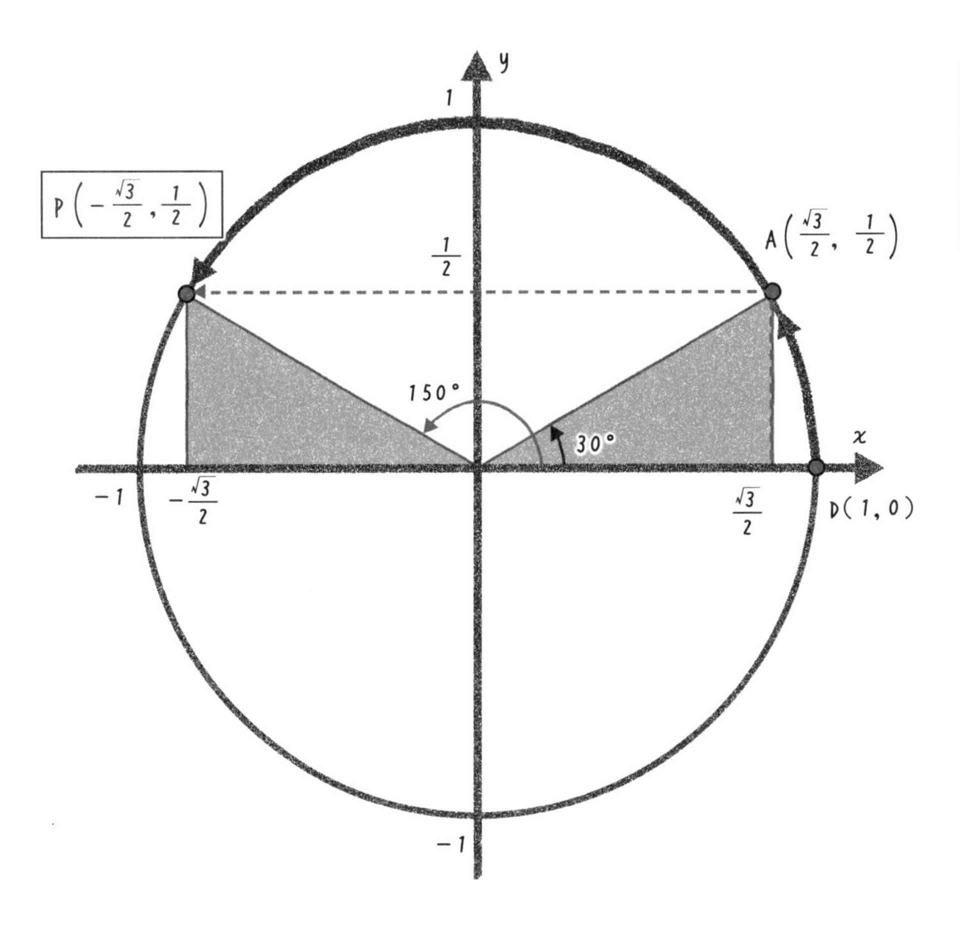

150°のときの点Pは，30°のときの点をy軸で左右反転させた点と重なりますよね。

おぉ，はい。

30°の点の座標は，さっきやった通り，
$(\cos 30°,\ \sin 30°) = \left(\frac{\sqrt{3}}{2},\ \frac{1}{2}\right)$です。
ですから，150°のときの点Pの座標は，**x座標がマイナス**の方にひっくり返って$\left(-\frac{\sqrt{3}}{2},\ \frac{1}{2}\right)$になります。

点Pの**x座標がサイン**，**y座標がコサイン**になるんでしたよね。ということは……。

$$\cos 150° = -\cos 30° = -\frac{\sqrt{3}}{2}$$

$$\sin 150° = \sin 30° = \frac{1}{2}$$

はい，**大正解**です！
ここで，ちょっとむずかしいかもしれませんけど，今やったことを**公式**としてあらわしておきましょう。

θ（たとえば30°）の点と，180° − θ（たとえば150°）の点をくらべると，x座標だけがマイナスになって，y座標は同じです。つまり式にすると，次のようにあらわせます。

ポイント！

$$\cos(180° - \theta) = -\cos\theta$$

$$\sin(180° - \theta) = \sin\theta$$

式でみるとむずかしいですが，図で見るとわかりやすいですね。

マイナスの角度を考えよう！

じゃあ，次は**負**の値をもつ角度のときの**サイン**と**コサイン**の値を求めてみましょう。θが−30°のときについて考えてみます。点Pの座標はいくらになりますか。

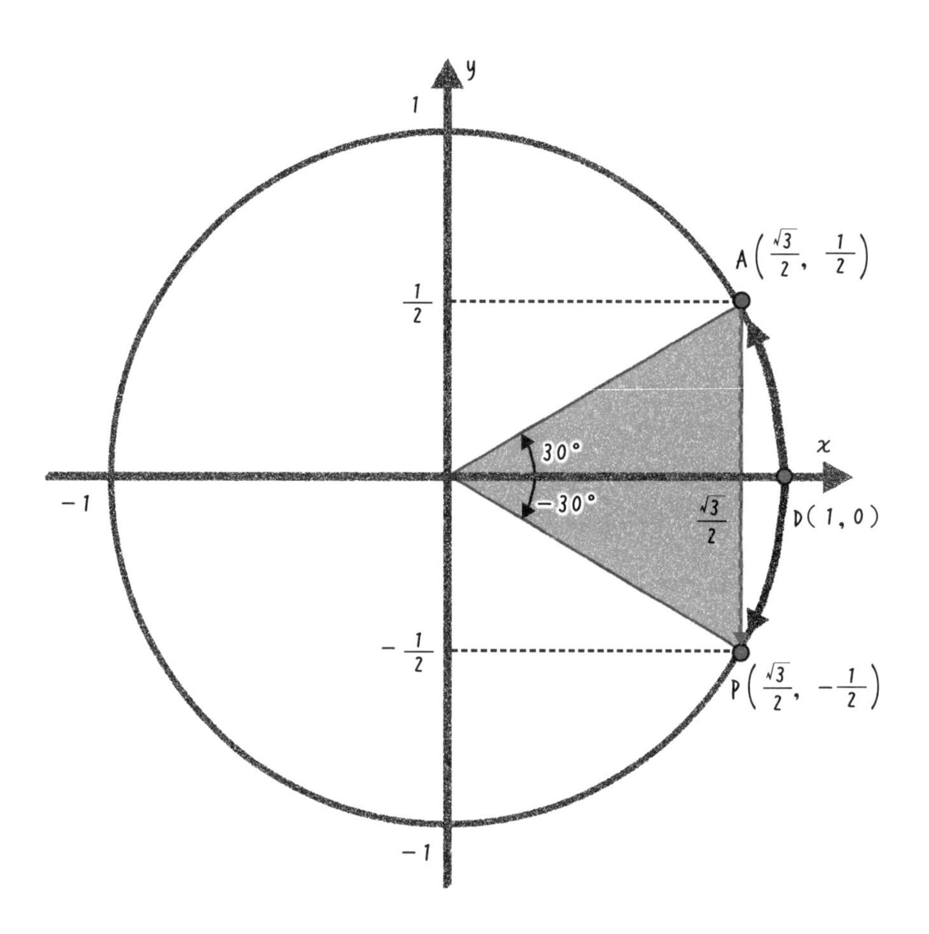
y
1
x
A$\left(\frac{\sqrt{3}}{2}, \frac{1}{2}\right)$
$\frac{1}{2}$
30°
−30°
−1
$\frac{\sqrt{3}}{2}$
D(1, 0)
$-\frac{1}{2}$
P$\left(\frac{\sqrt{3}}{2}, -\frac{1}{2}\right)$
−1

えーっと，30°の点（$\frac{\sqrt{3}}{2}$，$\frac{1}{2}$）とくらべると，点Pはx座標が同じで，**y座標がマイナス**にひっくり返った値になっています。
だから点Pの座標は，（$\frac{\sqrt{3}}{2}$，$-\frac{1}{2}$）でしょうか。

その通りです。
つまり次のようになります。

$$\cos(-30°) = \cos 30° = \frac{\sqrt{3}}{2}$$

$$\sin(-30°) = -\sin 30° = -\frac{1}{2}$$

だいぶ要領がつかめてきました。

いいですね。これも公式としてあらわしておきましょう。
$-\theta$（たとえば$-30°$）の点と，θ（30°）の点をくらべると，x座標は同じで，y座標がマイナスにひっくり返ります。つまり公式としては次のようにあらわせます。

ポイント！

$$\cos(-\theta) = \cos\theta$$
$$\sin(-\theta) = -\sin\theta$$

まぁこれも式としてみるよりも，図で考える方がわかりやすいですね。

円を使って，角度をあらわしてみよう

さて，**新しい三角関数の定義**にはなれてきましたか。

点がぐるぐる回って目が回りそうです。

大変なところ申しわけありませんが，もう一つ**新しいルール**を導入したいです。

えーっ， 頭がパンクします！

ここを乗り切れば，いよいよ**波**が登場しますから，あと少しです！

そうなんですか。じゃあがんばります……（しぶしぶ）。

今度は**角度**についてのルールです。
これまで30°というように，角度を「°」という単位であらわしてきましたよね。

はい。**当たり前じゃないんですか？**

これは1回転を360°として，その360分の1を単位として角度をあらわしています。このあらわし方を**度数法**といいます。

さすがに角度については小学校から習ってきているので，大丈夫だと思いますよ。**直角なら90°，一直線なら180°です！**

それは心強い！
でもこの「°」を使った角度のあらわし方をやめちゃいましょう。

えーっ!?
「°」を使わずに角度をあらわすなんて，まったく想像がつきません。
そんな方法があるんですか？

それがあるんです。これから紹介する角度のあらわし方を**弧度法**といいます。

こどほう……。
はじめて聞きました。
どうやって角度をあらわすんでしょうか？

角度とその角度を中心角とする単位円の孤の長さを対応させて，角度をあらわすんです。

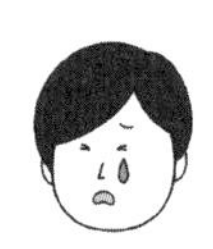

何を言っているのか，
さっぱりわかりません。

たとえば，360°の場合を考えましょう。中心角が360°の弧は円周のことです。
円周はどうやって求めるのか覚えていますか。

えーっと，忘れました！

えっ!?　ちゃんと勉強してなかったんですか？
円周の長さは直径×πです！
ちなみにπは円周率で，3.1415…と小数以下がどこまでもつづく数です。

ああ，円周率。
私は3.14で覚えました。

それで，単位円に戻りますね。単位円の半径は1だから直径が2です。だから円周の長さは2πになります。
したがって**360°という角度を，弧度法では2πとあらわします。**

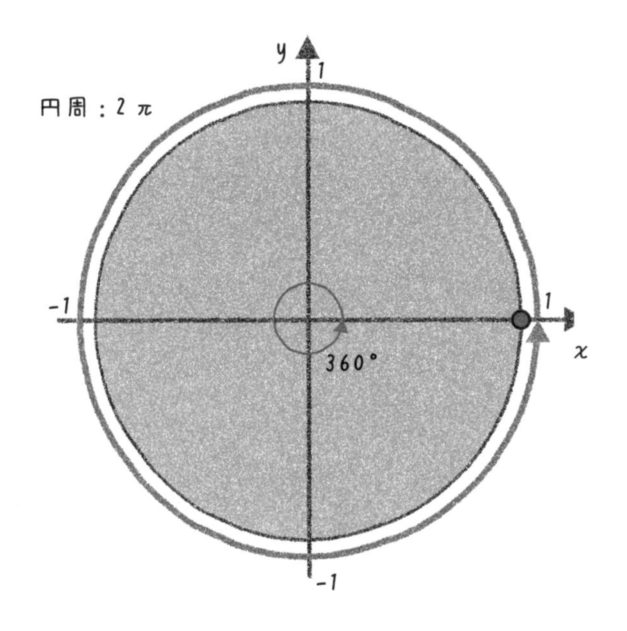

え!?
円周の長さが角度になるんですか？

そうですよ。単位は**ラジアン**です。ですから**360° = 2π ラジアン**となります。ですが，ラジアンとわざわざ書くことは少なく，普段は省略して2**π**とあらわします。

そうなのですね。ちょっと今ひとつわからないので，ほかの角度もどうなるのか教えてください。

それではいくつか具体的な角度を見ていきましょうか。**90°**の円弧をえがきました。

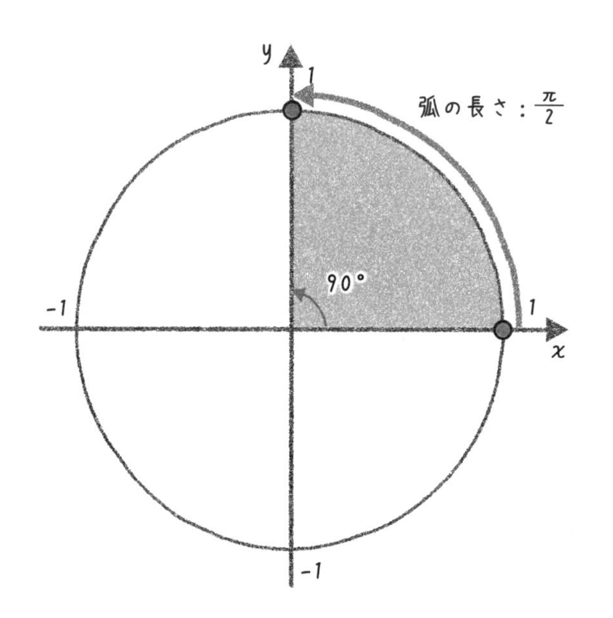

えーっと，この円弧の長さが，角度になるわけですね。90°の円弧の長さは円周（2π）の4分の1ですから，$2\pi \div 4 = \frac{\pi}{2}$ でしょうか？

お，めずらしく飲み込みが早いですね！
では60°はどうでしょう。

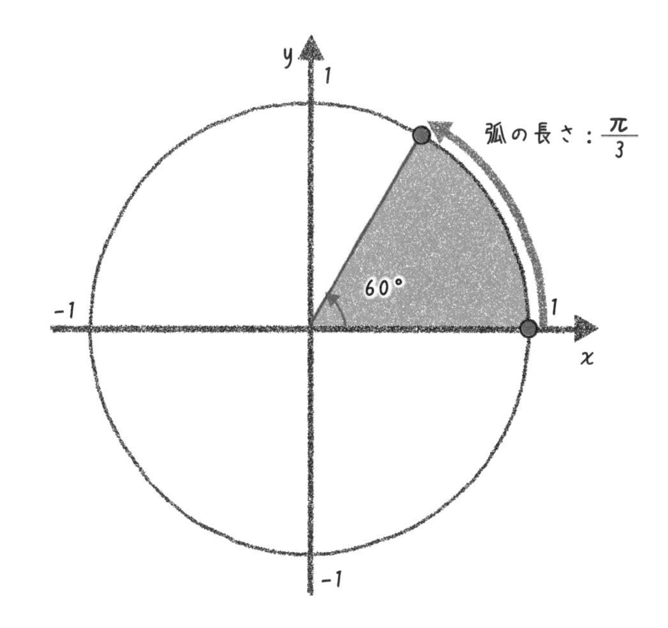

えーっと，円弧の長さは，円周の$\frac{60}{360}$になるんですよね。
だから60°は$2\pi \times \frac{60}{360} = \frac{\pi}{3}$です。

おっ，なんだか見ちがえるように優秀になりましたね。
弧度法に変換するには，角度を360°で割って，2πをかければいいわけですね。

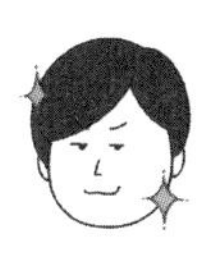

へへへ，今，数学の才能が開花しようとしています！

では180°を弧度法であらわすといくらですか？

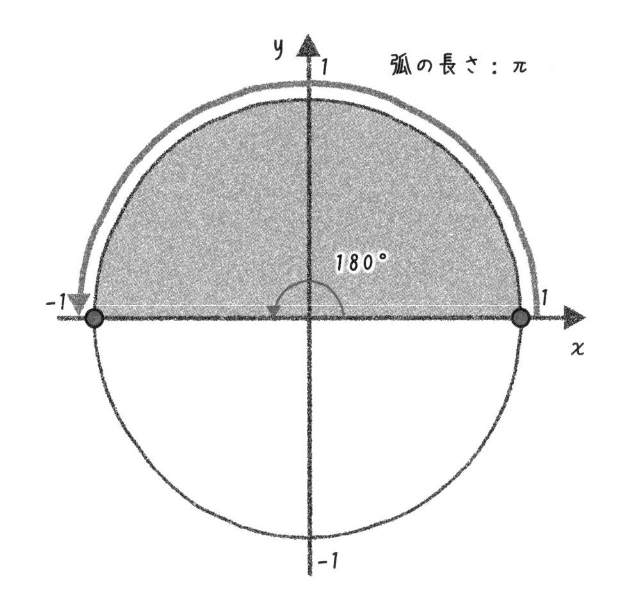

$2\pi \times \frac{180}{360} = \pi$ です。

270°のときは？

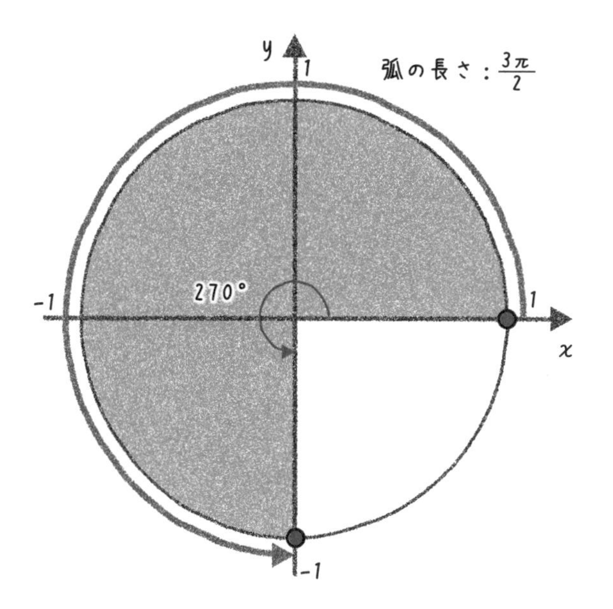

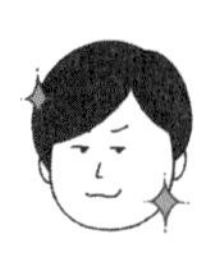

$2\pi \times \frac{270}{360} = \frac{3\pi}{2}$ です。

はじめてこの弧度法に出会うと，つまづく人が多いんですけど，今回はあっさり切り抜けられましたね！
ここで**度数法と弧度法の代表的な角度**をまとめておきましょう。

度数法	弧度法
0°	0
30°	$\frac{\pi}{6}$
45°	$\frac{\pi}{4}$
60°	$\frac{\pi}{3}$
90°	$\frac{\pi}{2}$
135°	$\frac{3\pi}{4}$
180°	π
270°	$\frac{3\pi}{2}$
360°	2π

科学の世界では，角度を弧度法であらわす方法がよく使われます。この本でも，このあとは，主に弧度法を使っていくので，弧度法の使い方をよく覚えておいてください。

STEP 2

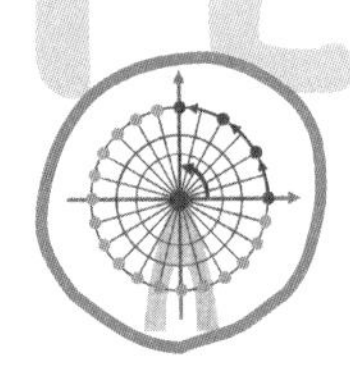

サインとコサインがえがく波

角度が 90°をこえて大きくなるとき，サインやコサインはどのように変化していくのでしょうか。サインやコサインの変化をグラフにして読み解きましょう。

サインの変化をグラフにすると波があらわれる

サインとコサインの値を，単位円上を動く**点の座標**として考えることで，三角関数を0°(0)から90°($\frac{\pi}{2}$)のしばりから解き放つことができましたね。

はい！

それでは，ここからは，0°(0)から90°($\frac{\pi}{2}$)をこえて360°(2π)まで大きくなっていくとき，三角関数の値がどのように変わっていくのかを考えてみましょう。
まず$y = \sin\theta$という数式を考えます。

ひーっ。
何ですかその数式？

$y = \sin\theta$は，**角度がθのとき，yは$\sin\theta$の値をとる，ということをあらわす式**です。縦軸にy，横軸にθをとった座標を使えば，**$\sin\theta$ の変化**をグラフにえがくことができるんです！

ほぅ。

というわけでここからは，**三角関数をグラフにえがくことを目標にしていきましょう！**
突然ですが，観覧車には乗ったことはありますか？

そりゃあ，ありますよ。
デートといえば観覧車です。

それはよかったです。それじゃあここでは，観覧車のゴンドラを，単位円上を動く点に見立てて，**サインの変化**を考えましょう。
まず，ゴンドラがスタート地点(1，0)から30°($\frac{\pi}{6}$)→60°($\frac{\pi}{3}$)→90°($\frac{\pi}{2}$)と動いたようすです。

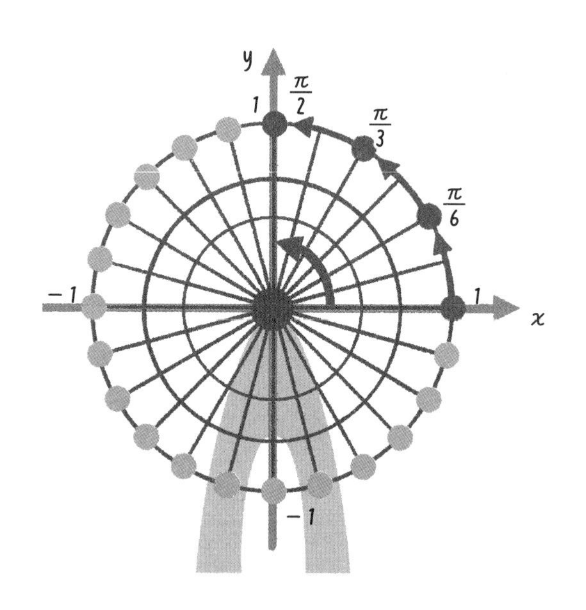

ゴンドラはこの円周上を反時計回りにぐるぐる回るわけですね。

はい，その通りです。
じゃあ $\sin\theta$ の値を考えましょう。
単位円であらわすとき $\sin\theta$ はどうなるんでしたか？

えっ？　うーん $\dfrac{対辺}{斜辺}$ ？

まちがいではないですが，それは直角三角形での定義です。
単位円であらわしたときは，動く点の y 座標すなわち高さが，$\sin\theta$ になるんでしたよね。
STEP1 でやったはずです。

はい，思い出しました。

つまり，**サインの変化を考えるときには，さっきのゴンドラの高さ方向の動きだけを考えればいいんです。**
つまり，ゴンドラを真横から見ればいいんです。

真横？

ええ，そうすると，高さ方向の動きだけを取り出すことになります。
図にえがいてみましょう。

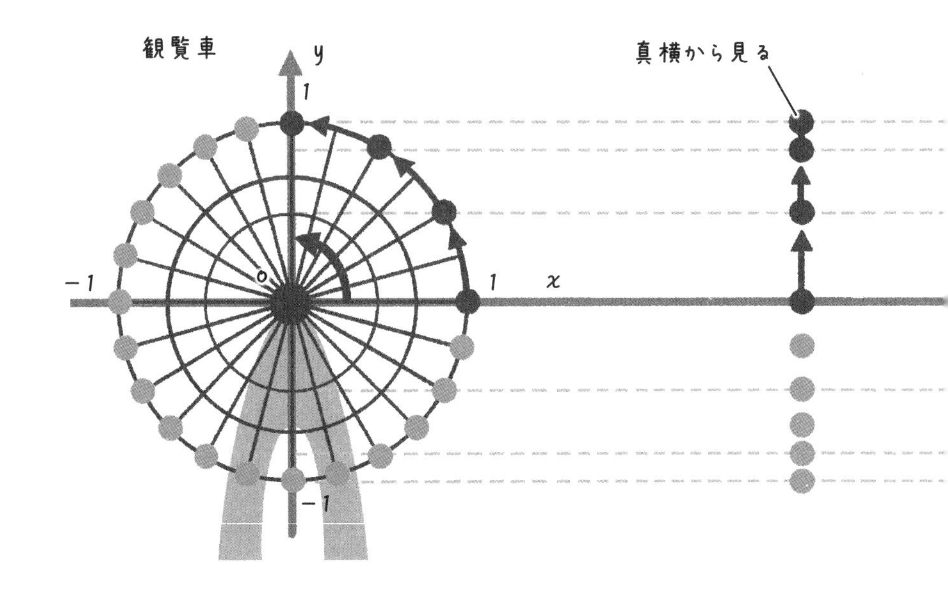

このように，**ゴンドラの上下方向の高さ(y)を縦軸にとり，そのときの回転の角度(θ)を横軸にとることで，$y=\sin\theta$ のグラフをえがくことができるんです。**

0°(0)から90°($\frac{\pi}{2}$)までは，サインの値は大きくなっていって，それ以降は小さくなるんですね。
それで270°($\frac{3\pi}{2}$)からは再び増加してますね。
なんだか，波のような形です。

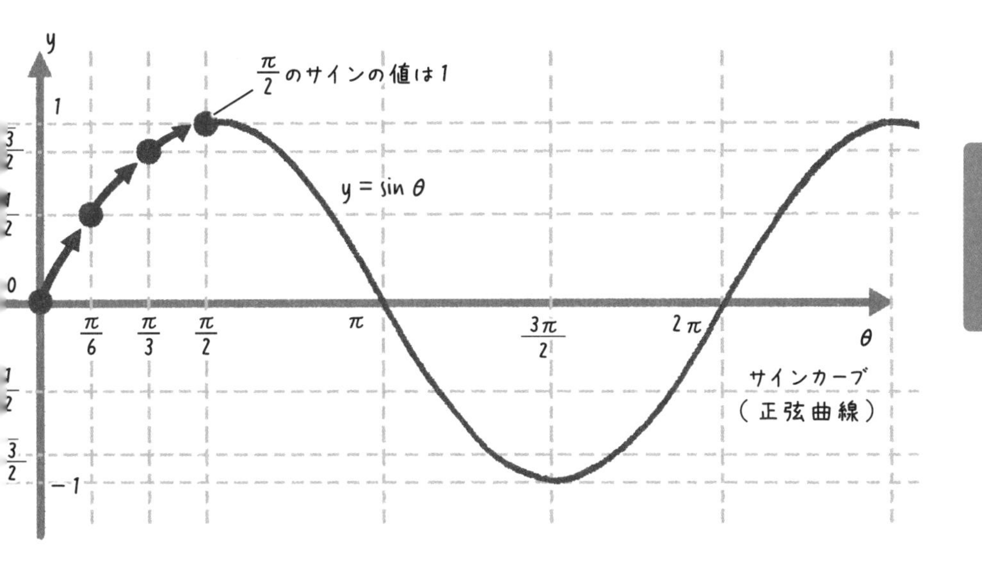

その通りです！

$y=\sin\theta$をグラフにえがくと，観覧車が1回転（2π）するごとに一つの山と谷を繰り返す，きれいな波になるんです！

このような波を**サインカーブ**または**正弦曲線**とよびます。

お，ここでついに，1時間目の波の話とつながってくるんですね！

コサインをグラフにしてもやっぱり波

次は**コサインの変化**です。

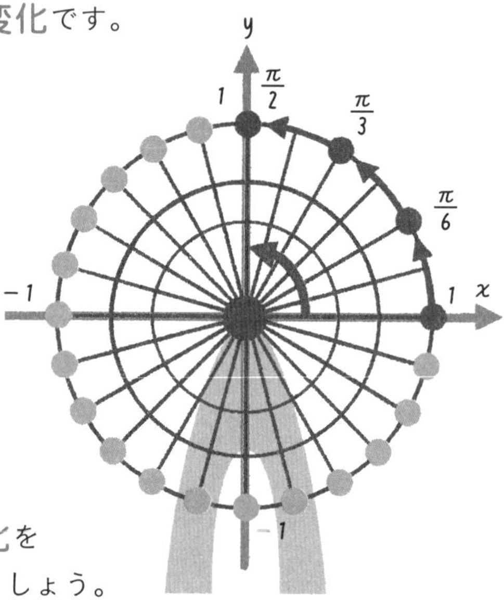

サインが波だったから，コサインは**風**とかでしょうか？

いやまったく意味不明です。それじゃあ**$y=\cos\theta$ の変化**を観覧車で考えてみましょう。

サインは，単位円上の点の縦方向の位置（y の値）をあらわしていました。ではコサインは？

そりゃあ**縦ときたら，横**でしょう。

そうですね。**コサインは単位円上の点の横方向の位置（x の値）をあらわしています。というわけでコサインは横方向のゴンドラの動きだけを見ればいいんです。**ゴンドラの動きを真上から見てみましょう。

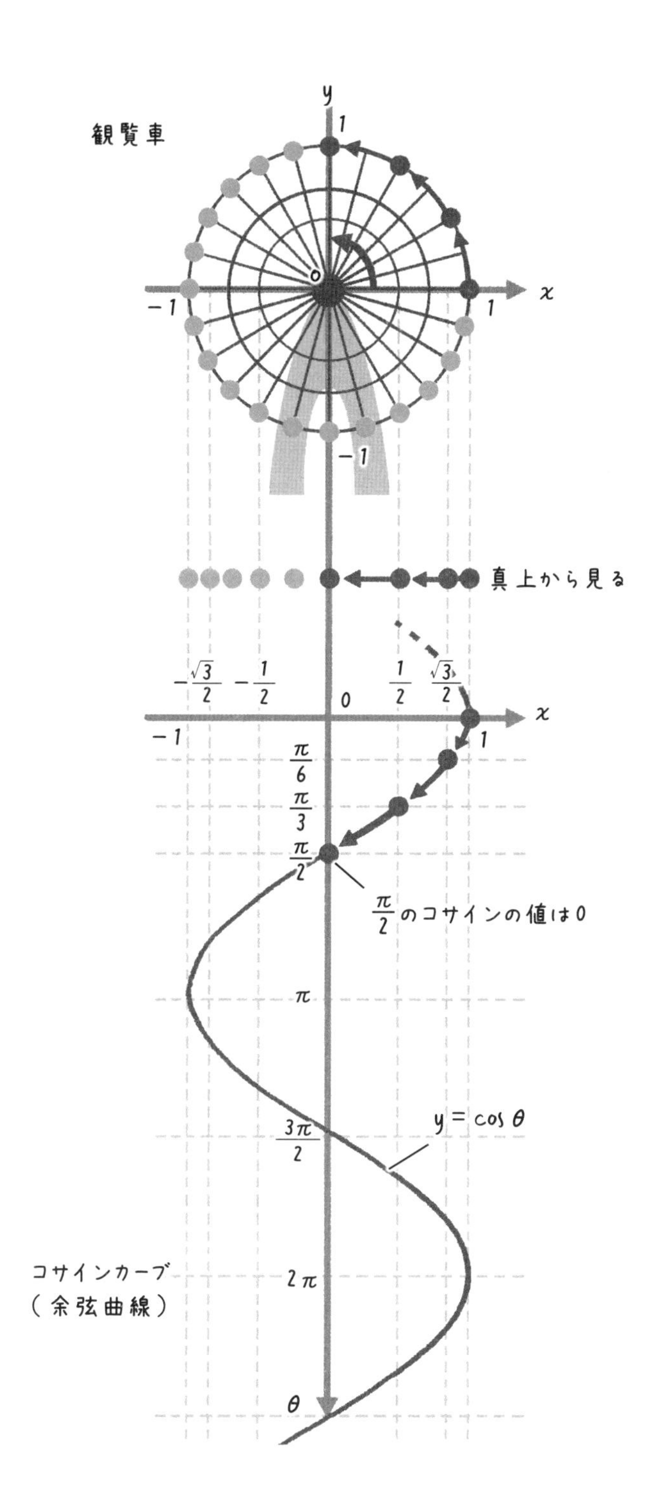

4
時間目
三角形から波へ

さっきと同じように，**ゴンドラの左右方向の位置と回転の角度（θ）を座標上に記録することで，$x=\cos\theta$ のグラフをえがくことができます。** この$x=\cos\theta$ですが，このあとは，$y=\cos\theta$と書くことにして，x，yを単位円の座標とは独立に使います。

あれっ，サインのときも同じような形のグラフでした。

とても似てますよね。**$y=\cos\theta$も，2πを1周期とする波をえがくんです。**
これをコサインカーブまたは，余弦曲線といいます。

サインとまったく同じですか？

$y=\sin\theta$のグラフと，$y=\cos\theta$のグラフを重ねてえがいて，比べてみましょう。

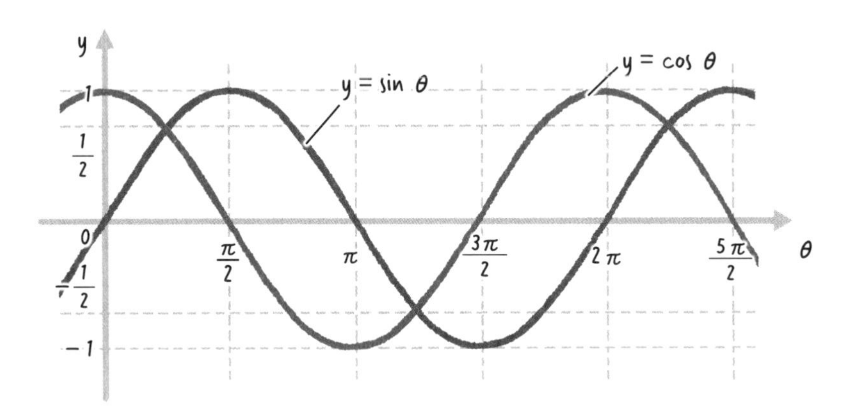

あぁ，形は同じですけど，位置がずれているんですね。

ええ，そうなんです。
サインとコサインをグラフにすると，どちらも同じ形の波になるんですね。
私たちの世界には，光や電磁波，音といったさまざまな波で満ちています。**三角関数を利用すると，これらの波がもつ性質を解き明かすことができるんです。**

三角形から発展してきた三角関数が，波になるなんて，なんとも不思議ですね。

タンジェントのグラフは変な形

それじゃあ，最後にタンジェントのグラフです。タンジェントはちょっとむずかしいかもしれません。タンジェントの値は，どうなるんでしたか？

えっと，$\frac{対辺}{隣辺}$？

はい，直角三角形のときはそうでした。
でもそれだと，90°をこえる角度をあつかえないので，
単位円を使うときは，3時間目の重要公式②の
$\tan\theta = \frac{\sin\theta}{\cos\theta}$ を使うんです。

ほぉ。

単位円上でθ動いた点Pの座標を$(x,\ y)$と置くと，
$\sin\theta = y$，$\cos\theta = x$となりますよね。だから
$\tan\theta = \frac{y}{x}$となります。

はい。

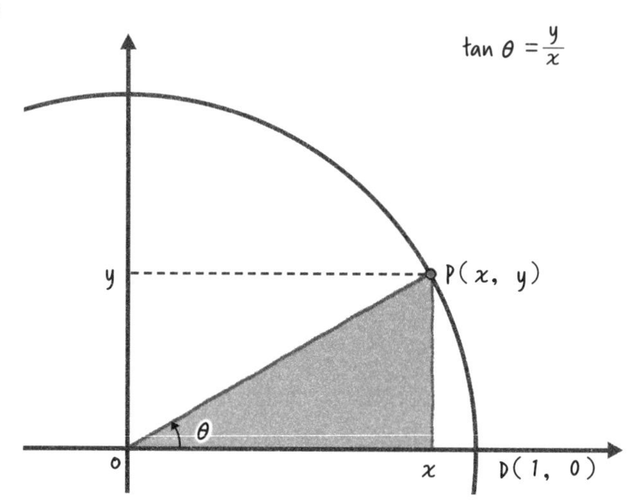

でも，このままだと，$\boldsymbol{\theta}$が変化すると，$\boldsymbol{x}$と$\boldsymbol{y}$が両方とも変わって$\mathbf{tan}\,\boldsymbol{\theta}$の変化がどうなるのか，わかりづらいですよね。

ええ，タンジェントがどう変わっていくのか，まったく想像ができません。

そこで一工夫です。
$x=1$という直線を先ほどのイラストに引くんです。OPと$x=1$との交点をP′としましょう。

これでなぜ，タンジェントの変化がわかるんですか？

三角形OPCと三角形OP′Dは相似です。OD＝1なので，次の式が成り立つんです。

$$\tan\theta = \frac{y}{x} = \frac{CP}{OC} = \frac{DP'}{OD}$$

$OD = 1$なので

$$\tan\theta = DP'$$

つまり，**$\tan\theta$ の値はOPの延長線と直線$x = 1$との交点のy座標になるんです。**

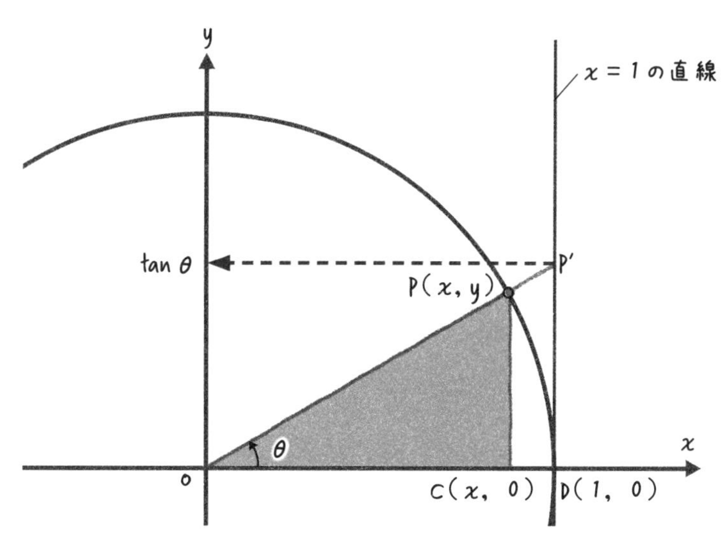

うひゃー，**タンジェントだけ複雑！**

これで準備が整いました。**θ が変わると，DP′ がどのように変わるのかを見れば，タンジェントがどのように変わるのかがわかる，**というわけなんです！

むむむ。

それじゃあ，これを使ってタンジェントの変化をグラフで見てみましょう。

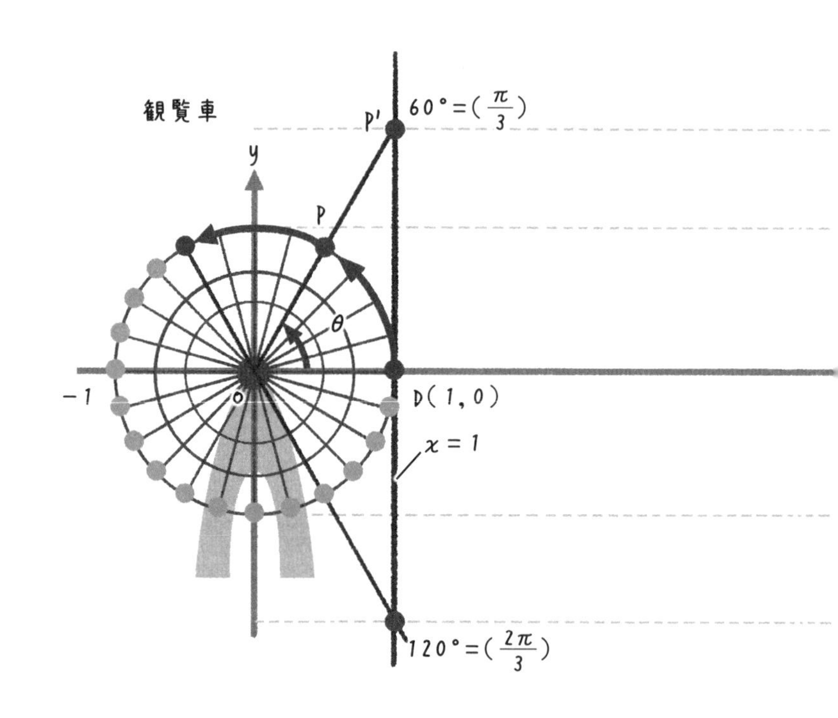

サインとかコサインとは**形が大きくちがいますね。**
波のように見えませんし。

そうなんですよ。
θが0のときはタンジェントの値は0です。
そこから角度が大きくなるにつれて，タンジェントの値も大きくなります。

もうグラフから，はみ出ちゃってますね。

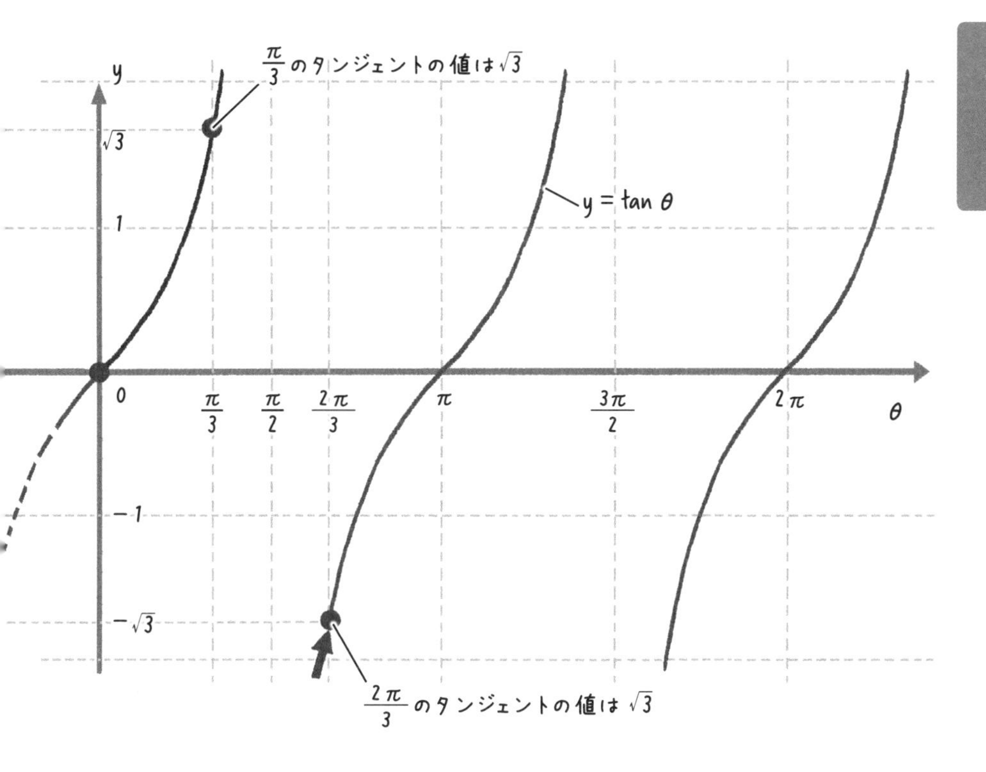

ええ，$\frac{\pi}{2}$（90°）に近づくにつれ，タンジェントの値は限りなく大きくなるんです。グラフは$x=\frac{\pi}{2}$という直線に，上へ上へとせりあがりながら限りなく近づきますが，交わることはけっしてありません。そして，**$\frac{\pi}{2}$のときは，OPはどこまで行っても$x=1$の直線と交わらないので，$\tan\frac{\pi}{2}$の値は定義できません。**

定義できないって，そんなのありなんですね。

ええ，ありなんです。
そして，$\frac{\pi}{2}$をこえた側から，$\frac{\pi}{2}$に右側から近づくと，タンジェントのグラフは下がっていき，直線$\theta=\frac{\pi}{2}$に交わることなく限りなく近づいていきます。

タンジェントってものすごくヘンですね！

波の高さや周期を変えた三角関数のグラフ

ここまで三角関数のグラフを見てきました。

はい，サインやコサインのグラフは**きれいな波**をえがいていました！

そうですね。
このサインやコサインの式に少しだけ変化を加えることで，波の形を変えることもできるんです。

波の形を変える？

ここでは，$y=\sin x$というサインカーブの式を少しイジって，いろんな波を見ていきましょう！
この式は先ほどまでの式のθをxという文字に置き換えただけで，先ほどの式と同じものですよ。

はい。お願いします！

まず，xに，いろんな数をかけた場合のグラフを見てみましょう。$y = \sin 2x$とか$y = \sin 3x$とかです。

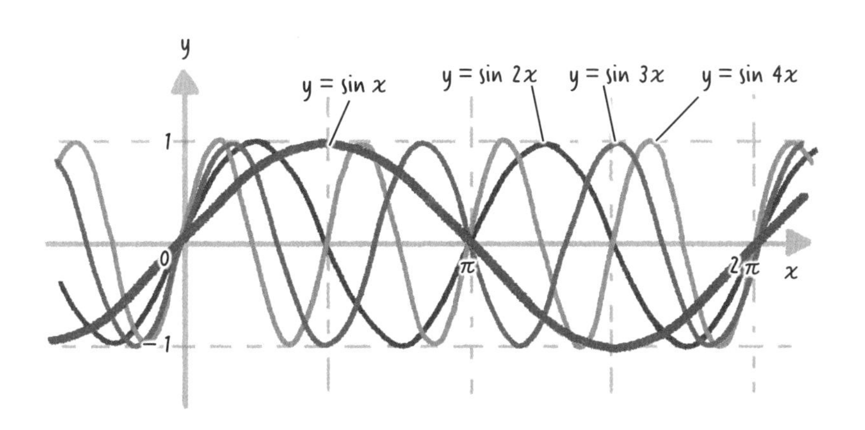

お，**波の横幅**が変わりました。xの前の数字が大きくなるにつれて，波が**ぎゅっ**となってます。

そうなんです。**xにかける数が大きくなるにつれ，波の横方向の幅がせばまるんです。**たとえば，$y = \sin x$は2πの周期で同じ形があらわれます。
一方，$y = \sin 2x$はπの周期で同じ形になります。
そして$y = \sin 3x$は，$\frac{2\pi}{3}$の周期です。
こんなふうに，どんどん周期が短くなっていくんですね。

なるほど！

じゃあどんどんいきますよ。
次は，$y = \sin x$で$\sin x$の前に数をかけたグラフを見てみましょう。

$y=2\sin x$とか$y=3\sin x$とかです。

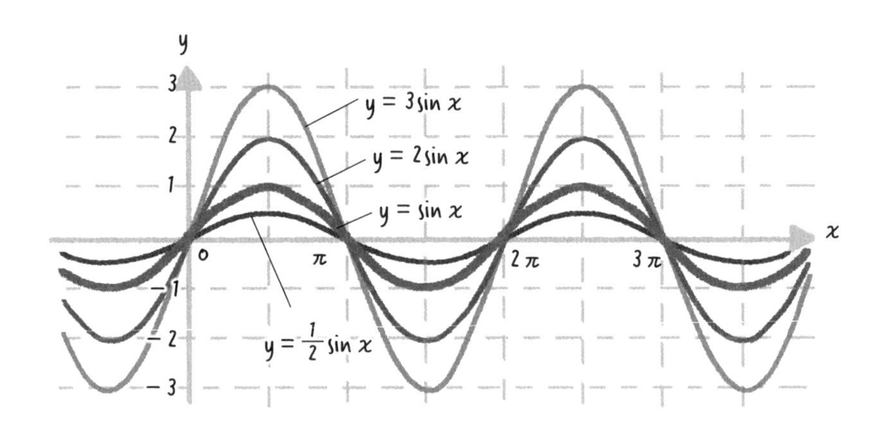

今度は，**波の縦幅**が変わりました！

はい，**$\sin x$にかける数が大きくなるほど，波が高くなるんです。**

山の高さや谷の深さのことを**振幅**といいます。

$\sin x$の前の数字によってグラフの振幅が変わるんですね。

ふむふむ。

それでは，最後です。

$y=\sin x$のxに，数を足したり引いたりしたグラフをみてみましょう。

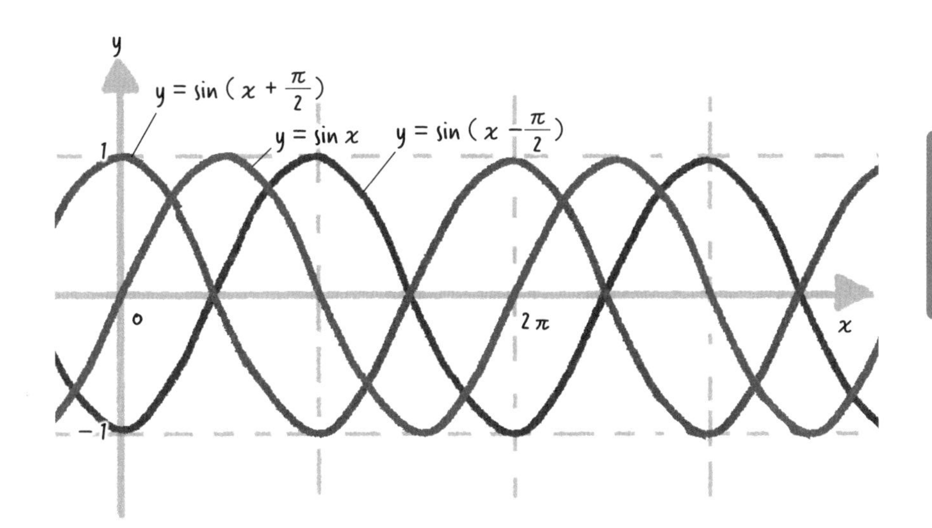

えーっと，波の縦幅や横幅は変わっていません。
波の形は**すべて同じ**です。
でも，横にずれています。

はい，**xから数を引いた分だけ横方向（x軸方向）に水平移動するんですね。**

$y = \sin x$の式に数をくっつけると，くっつける場所によって，いろんな形の波になるわけですね！

ええ，**数式をうまく調整することで，さまざまな波を表現できるんです！**

ばねの振動に三角関数があらわれる

さてここからは，**自然界にひそむ波**について少し見ていきますよ！

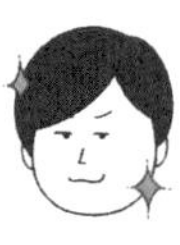

波といえば，海の波ですね！

そうですね。でも実は海の波ってかなり複雑な形をしているので，まずは**単純な波**について考えてみましょう。

単純な波ですか？

はい，ばねの振動について考えてみましょう。

ん，ばねの振動？
波とは全然関係ないじゃないですか!?

そんなことありません。
ばねの振動こそ，まさに波をえがく現象なんです。上端が固定されたばねについたおもりの動きを考えますね。ばねを下に引っ張って手をはなすと，上下に振動します。

はい。それが波となんの関係があるんですか？

それでね，**横軸を時間に，縦軸をおもりの位置にとると，なんとおもりのグラフは，波をえがくんです！**

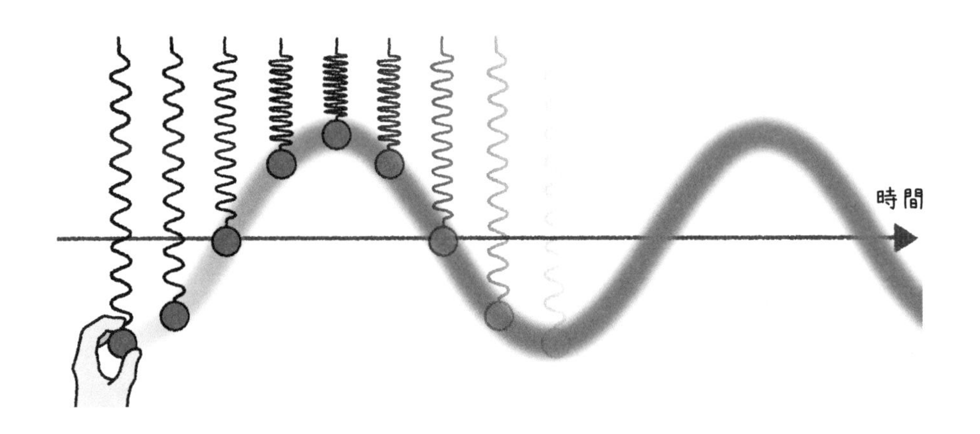

お，ほんとうだ！
なんだかすごい！

これはサインのグラフとまったく同じかたちです。一見関係ないように思えるかもしれませんが，**ばねの振動にも三角関数がひそんでいるんですね。**

ほぉ！

実はばねに限らず，さまざまな振動を数式であらわすと，三角関数があらわれるんです。
ゆれや振動をあつかう分野では，三角関数は超基本ツールなんですよ。

音も光も三角関数だった！

三角関数の波が，いろんな振動と関係していることがよくわかりました。

それでは，次は，私たちが毎日見聞きする**音**や**光**についても，三角関数とのかかわりを見ていきましょう。

音や光？
音というと，声とか楽器とか，救急車のサイレンとか，食器が落ちる音とか，クラクションとか，いろんな音がありますよね。

ええ，そういった音は全部，波なんです。
音の正体は，空気の振動が波として周囲に広がっていく現象なんです。
この空気の振動が，鼓膜に届くと，鼓膜を震わせることで，私たちが音を認識するんですね。

あぁ，たしかに音の正体が波だって，ぼんやりと聞いたことがあります。

ここでは，たとえば**スピーカー**を思い浮かべてください。

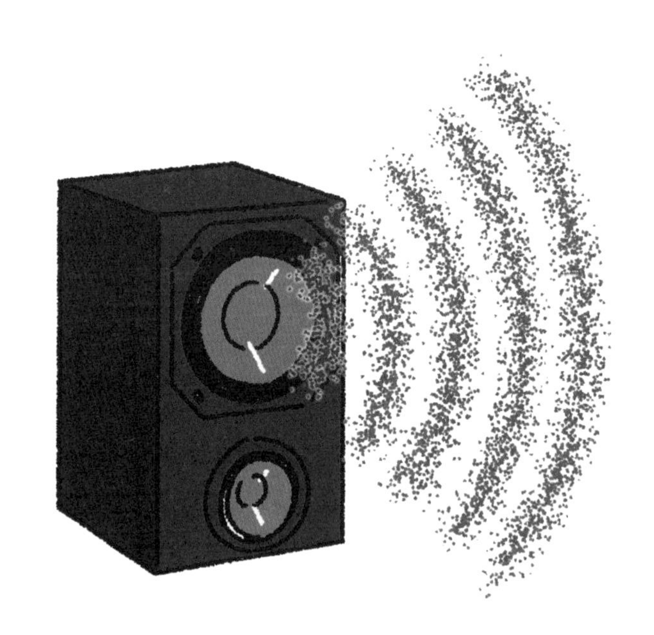

スピーカーは内部にある**振動板**が振動することによって，空気を押したり引いたりさせています。つまり，空気の密度が高い部分と低い部分をつくりだしているんです。この空気の密度の変化が波として伝わっていくのが音です。

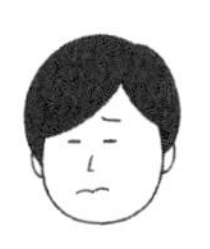

へえ。**楽器の音**も，**人の声**も全部そうやって伝わるんでしょうか？

その通りです。
鉄琴から出る音の波をえがいてみましょう。本当の形はもっと複雑なんですが，ここではわかりやすいように単純な波を使ってあらわします。

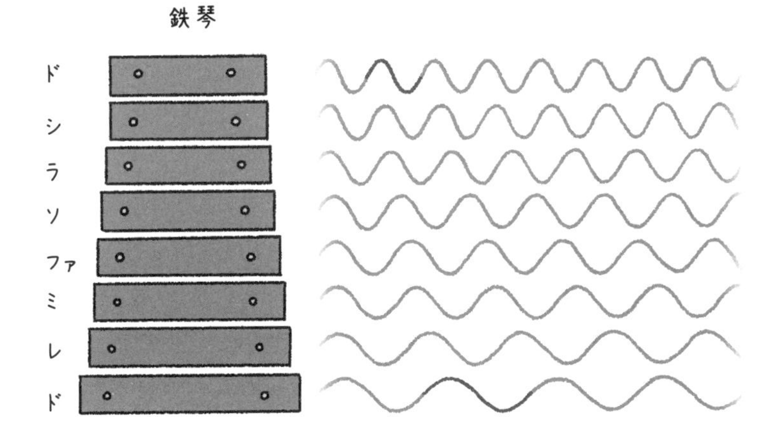

高い音の方が，波の幅がせまいんですね。

そうなんですよ。**音は高ければ高いほど，波の山と山の間隔がせまくて，たくさん振動するわけです。**1秒間に振動する回数を周波数といいます。高い音ほど周波数が大きいというわけです。

私たちが聞いている音はだいたい1秒間にどれくらいの回数振動しているんでしょうか？

だいたい，**1秒間に20回～2万回**の空気の振動を，私たちは音として聞いているみたいですよ。

1秒間に2万回!?
めちゃくちゃすごい振動をしているんですね。

次は**光**について考えてみましょう。

光も波なんですか？

ええ，**電磁波**という波の一種です。Wi-Fiやテレビ放送などに使われる**電波**も，**赤外線**も，**X線**も実はぜんぶ電磁波の一種なんです。

へぇ。光も波か。

はい，電磁波は，波の周波数によって，今説明したような，いろいろな種類に分けられるんです。
さらに光の色のちがいにも，波の間隔がかかわっています。
赤色に近い光ほど波の山と山の間隔が長く，紫に近いほど短くなるんです。

私たちは，**波の間隔のちがいを色のちがいとして感じとっているわけですね。**

地震波だって，三角関数！

それから，日本人に身近な波に**地震波**があります。

地震，こわいですよね。

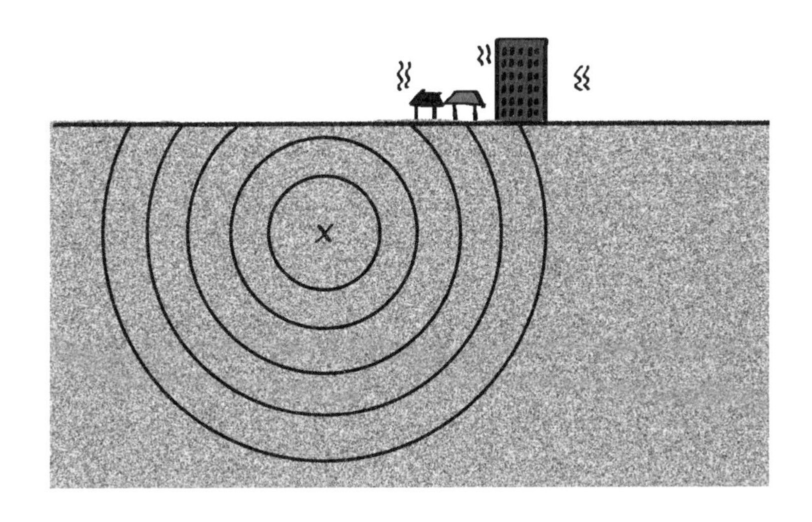

地震は，地面や地表が震えることによって伝わる波なんです。
P波とか**S波**とか聞いたことありませんか？

あぁ，確か理科の時間に地震のゆれには，**最初にくるゆれと，あとからくるゆれがある**って習った覚えがあります。それがP波とS波でしたよね？

ええ，そうです。P波は最初にくる，がたがたと小さく感じるゆれをおこします。P波は，最初の波（Primary wave）の意味です。
一方，S波は，その後に来る，ゆさゆさとした大きく感じるゆれをおこします。こっちは2番目の波（Secondary wave）を意味しています。

ふむふむ。

それでこの二つの波は，少しことなる種類の波なんです。

どういうことでしょうか？

P波は震源地から進行方向にゆれながら伝わる波なんです。P波が地下からやってくると，**縦ゆれ**をおこします。

たてゆれ……。

一方，S波は，地面を進行方向に対して横方向に振動しながら進んでいくんです。S波がやってくると，**横ゆれ**として感じられます。

よこゆれ……。

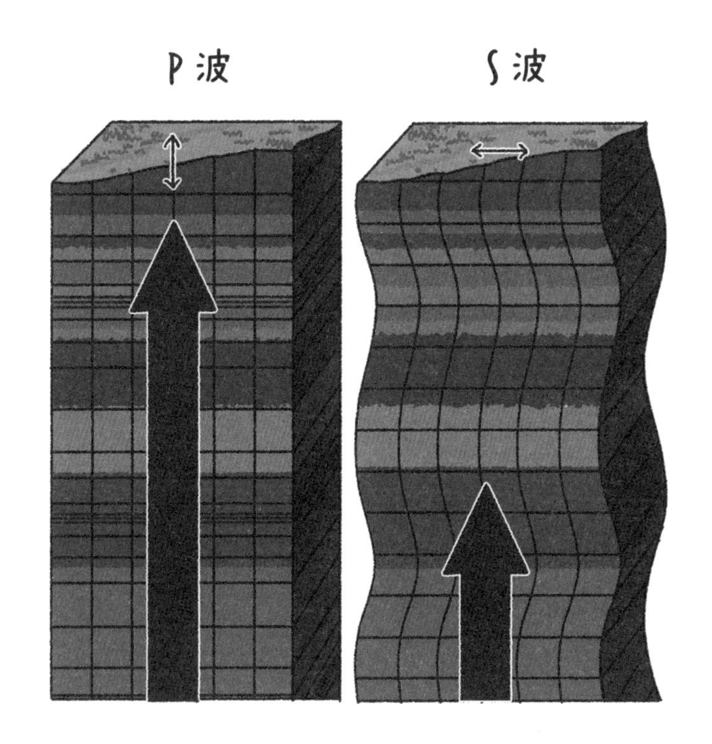

こういった地震波の解析にも三角関数が欠かせません。
たとえば，どのような地震波が，建物にどのような影響をあたえるのか詳細に研究するには，三角関数が活躍しているんですよ。

ほぉ一三角形から生まれた三角関数が波の解析に使われるなんて，なんだか不思議ですね。

ここまで見てきたように，私たちの身のまわりは，たくさんの波にあふれています。そんな波をあつかえるのは三角関数のおかげなんです。
最後のSTEP3では，三角関数から生まれた**フーリエ解析**という，波をあつかうためのとても重要な道具について，簡単に説明しましょう。

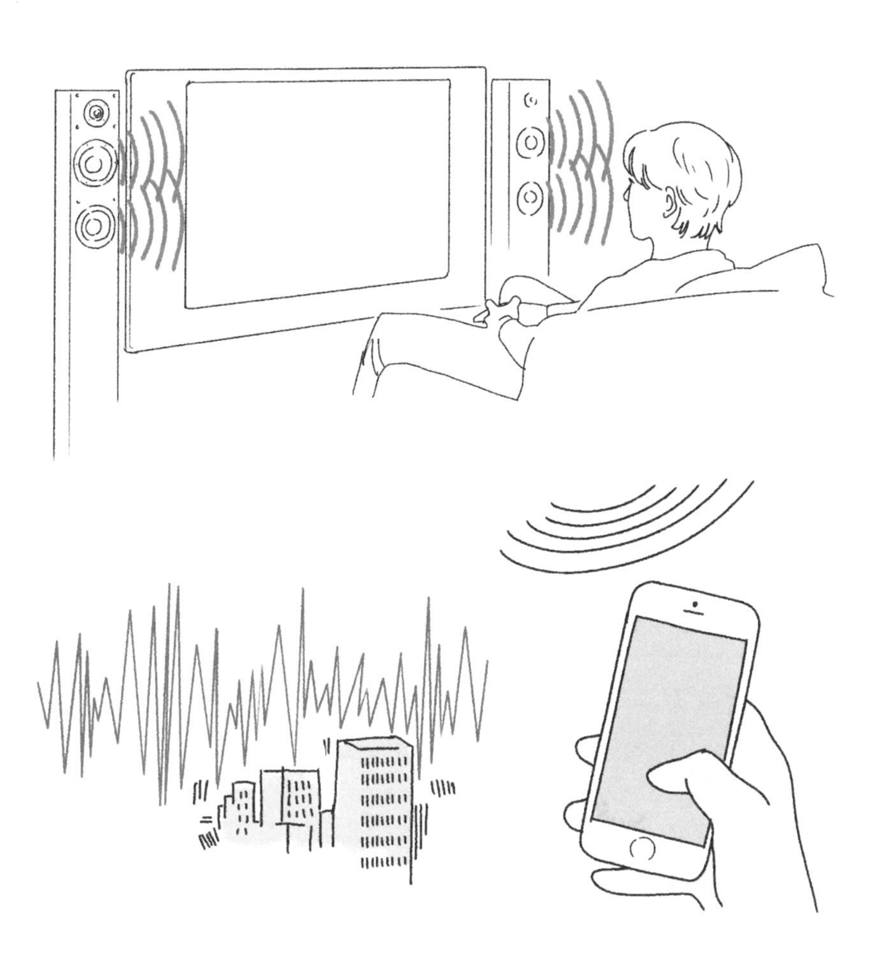

STEP 3

三角関数を使って波を分析

電波や音声など，さまざまな波を利用するのにかかせない“道具”に「フーリエ解析」があります。現代社会を支える，役立つ数学の代表選手にせまりましょう。

複雑な波の解析に三角関数が欠かせない

いよいよ，最後のステップです。
ここでは，身のまわりの波の分析や利用に欠かすことのできない「**フーリエ解析**」というものを紹介します。ここからはあんまり計算は出てきませんから，安心して聞いてください。

はぁーよかったー。
フーリエ解析って，はじめて聞きましたけど，**なんだかむずかしそう**な響きですね。そんなに重要なものなんですか。

科学や工学の分野では，もう**きわめて重要**です。
音声や電波，地震波など，身近な波を使ったり，分析したりするのにフーリエ解析は欠かせません。
大学の理工系学部では，大学2年生以上でこれらの数学を学ぶことが多いようです。

フーリエ解析……，いったいどういうものなんですか？

一言で言うと，**複雑な波を，単純な波に分解する技術**とでもいいましょうか。

複雑な波？　単純な波？
よくわかりません。具体的にどういうことですか？

では例として，私たちの**声**に注目してみましょう。

声も波なんですよね。

ええ，そうです。
私たちが声を出すとき，喉の**声帯**という器官を震わせて空気を**振動**させます。
すると，**空気の密度が高くなったり，低くなったりして，空気の振動の波が発生します。**この波が音として伝わり，相手の耳の鼓膜を震わせて，**音声**として聞こえるのです。
人の声だけではなくて，スピーカーや太鼓などの楽器でも，空気の振動が音として伝わっていくんですよ。

たしか宇宙では，音を伝える空気がないから，声は聞こえないんですよね。

ええ，そうなんです。SF映画とかでは，宇宙船が爆発すると大きな音がしますけど，実際にはありえないって話ですね。
それで，話を元に戻すと，**横軸を時間，縦軸を空気の密度とすれば，音声を波の形でグラフにあらわすことができます。**
たとえば「こんにちは」という声をグラフにあらわしたのが，次の図です。

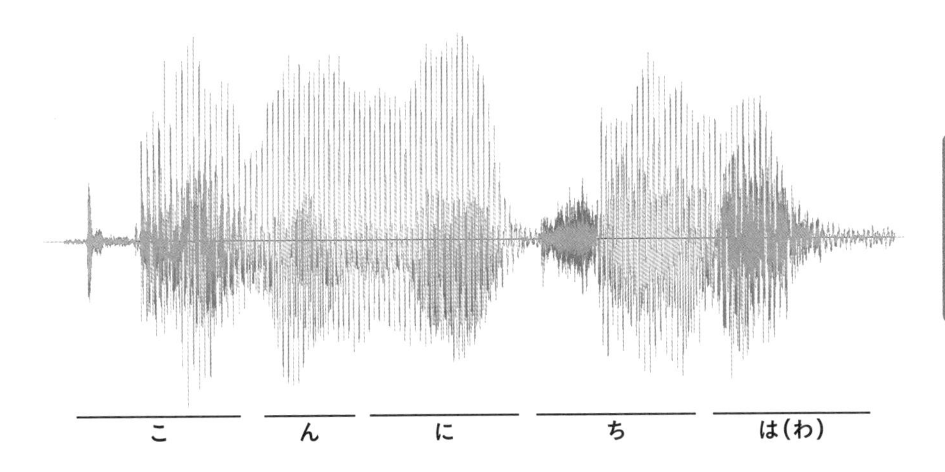

あんまり，波っぽくないですね。

とても**複雑な形**をしていますよね。
こうした**複雑な波の形こそが，音声の情報を運んでいる**わけですね。

声以外の楽器とかの音も，波にするとやっぱり複雑なんですか？

ええ，複雑な波の形をしているのは，人の声だけではありません。ピアノやバイオリンといった楽器の音も，それぞれに特有の形をもつ複雑な波です。
そういった**波の形のちがいが，音色や音の強さなどのちがいを生むんです。**

たしかに，同じドの音でも楽器によって，まったくちがう音色ですもんね。

そうですね。
逆に考えると，**そういった楽器特有の波の形を忠実に再現できれば，その楽器の音をまるまる再現できる**ことになります。それを行うのが**スピーカー**なんです。

ほぉ， 実はスピーカーってすごいんですね！

ともかく，波の形に**音の情報**がすべてつまっているわけですから，波を**分析**すれば，どんな音なのかを知ることができるわけです。
たとえば，**小さな音にくらべて，大きな音では波の山の高さや谷の深さ（振幅）が大きくなります。**

でも，さっきの「こんにちは」の波の形は複雑すぎて何が何やらわかりませんよ。

そうなんですよ。実際の声の波を見ても，特徴をとらえるのはとてもむずかしいんです。たとえば，声の高さは周波数で決まっているんですけれど，周波数の情報なんかも，そのままではなかなか読み取れません。

それじゃあ，音の情報を解析したいときはどうするんでしょうか？

そんなときに役立つのが，フーリエ解析なんです。**フーリエ解析を使えば，複雑だった波を単純な波に分解することで，音の高さや楽器の音色といったさまざまな情報を取りだすことができるんです!!**

おお，**なんだかすごい！**

三角関数を足し合わせれば，どんな波でもつくれる

身のまわりの波は，複雑な形をしたものが多いんですけど，**音叉**なんかは，とても**単純な波の形**をしています。そんな綺麗な波では，音の大きさが山と谷の高さとしてあらわれ，音の高さが1秒間の振動の回数，すなわち**周波数**としてあらわれます。

単純な波であれば，音の特徴を簡単に読みとることができるんですね！
でも先ほどの人の声はどうすれば，特徴がわかるんでしょうか？

ここで，波の**ある重要な性質**が役に立ちます！

重要な性質？

はい。それは，**単純な波を足し合わせると，どんな複雑な波でもつくれる**，という性質です。
さらに逆に，**どんな複雑な波でも，単純な波に分解できる**，ともいえます。

ちょっと意味がよくわかりません。

それじゃあ具体的に，さまざまな周波数をもつ**サイン波**を用意して考えてみましょう。
ここに，$y = \sin x$，$y = \sin 2x$，$y = \sin 3x$であらわされるサイン波をえがきました。

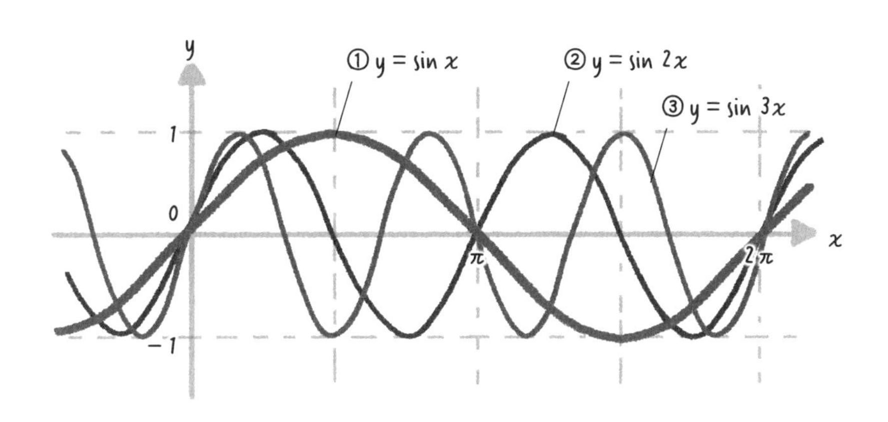

xの前につく数が大きくなるほど，波の数が増えるんですね。

その通りです。②は，①の２倍の周波数です。
そして③は，①の３倍の周波数です。
これらを足し合わせてみましょう。

どんな形になるんでしょうか？

足し合わせた結果は，次の④のようになります。

うわっ，

ちょっと複雑な形のグラフになりましたね……。

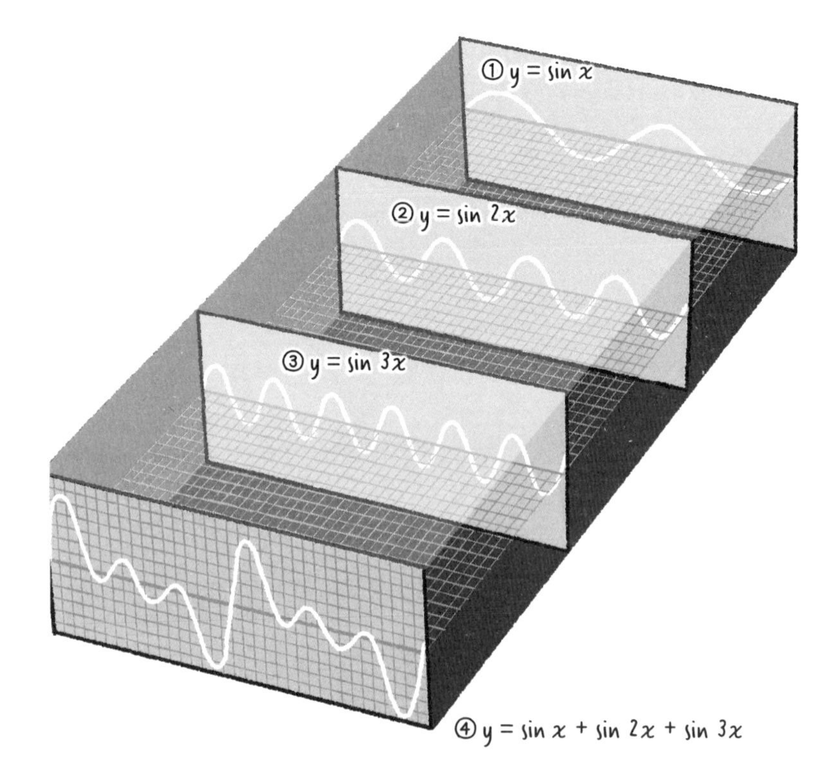

そうなんですよ。**形のちがう波を足し合わせると，どんどん複雑になっていくんです。**

ふむふむ。

そして，実は，**単純な形をしたサイン波やコサイン波をうまく足し合わせると，どんな複雑な形の波でもあらわすことができるんです！**

ほぉ，すごい！
さっきの「こんにちは」のグラフもですか？

ええ，そうですよ。
それから，**サイン波をうまく足し合わせていけば，下のグラフのような四角い形の波だって表現することもできます。**

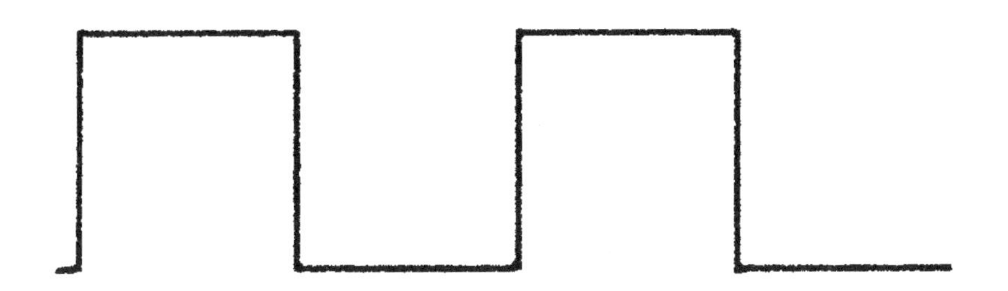

なんだか面白いですね！

ふふふ，そうでしょう。先ほど，音叉はきれいなサイン波の形をしていると説明しました。**どんな波も単純な波の足し合わせで表現できるということは，さまざまな長さの音叉を並べて，それらを同時に鳴らせば，どんな楽器の音でも，どんな人の声でも再現できる**ということなんです。

たくさんの音叉を鳴らして，人の声を再現するなんて，**すごすぎて想像の域をこえています。** そんなことができるんですね！

このように，どんな波も単純な波の足し合わせで表現できることをはじめて明確にのべたのが，18～19世紀のフランスの物理学者・数学者，ジョゼフ・フーリエです。

ジョゼフ・フーリエ
（1768~1830）

あぁ，フーリエ解析はフーリエさんの名前に由来していたんですね。

そうですね。
フーリエは，熱の伝わり方を研究しているときに，このことに気づいたようです。
ちょっとここで大きく脱線しますが，**ロゼッタ・ストーン**って知っていますか？

聞いたことがあるような気がします。**古代の石**なんでしたっけ？

ふふふ，そうですね。
古代エジプトの象形文字とギリシア語が刻まれた石です。もとは紀元前の古代エジプトの神殿に置かれていたようです。

なんだかロマンがありますね。

ロゼッタ・ストーンは，フーリエも帯同した，フランス軍のエジプト遠征の際に発見されたんです。そしてフーリエはロゼッタ・ストーンの写しをフランスに持ち帰り，少年，**ジャン＝フランソワ・シャンポリオン**に見せました。
やがてこのシャンポリオンらの手によってヒエログリフが解読されたんです。

へーっ。フーリエさんがロゼッタストーンの写しをシャンポリオン少年に見せたことが，最終的にヒエログリフの解読につながったんですね。

波を分解して，成分を分析

それじゃあ，いよいよフーリエ解析とはどういうものかを紹介しますね。

お願いします！

今まで紹介してきた複雑な波というのは，数学では**「ある関数のグラフ」**とみなせます。

かんすう？

ええ，$y = x$とか，$y = 3x^2 + 3$みたいに，xの値が決まればyの値が決まる，といった関係を数式であらわしたものです。
つまり，**複雑な波もxの数式であらわせる**わけですね。

むむむ。

こういった関数は，どんなものでも，さまざまなサインとコサインを無限に足し合わせた式であらわせる，とフーリエはのべたんです。
式であらわすと次のような感じです。
$f(x)$というのが，複雑な波などをあらわす関数とします。

$$f(x) = \frac{a_0}{2} + a_1\cos x + a_2\cos 2x + a_3\cos 3x \cdots + b_1\sin x + b_2\sin 2x + b_3\sin 3x \cdots$$

ある関数$f(x)$がサインとコサインの足し算であらわせる，という意味の式です。このようにサインとコサインを無限に足し合わせた式を今では「**フーリエ級数**」とよんでいます。

音がつくる複雑な波をフーリエ級数の形であらわすと，単純な波であるサイン波とコサイン波へと分解できるわけなんです。

うーん，むずかしい。

ま，厳密に理解する必要はないと思いますので，ぼんやりとイメージだけでもつかんでおいてください。
それで，**複雑な波を単純な波へと分解できれば，どの高さの音がどれだけ含まれているのかがわかり，声や楽器の音の特徴を分析できるんです！**

どの高さの音が，どれだけ含まれているか……。

ええ，先ほどのフーリエ級数の cos や sin の前についている $\boldsymbol{a}_1$ や $\boldsymbol{b}_1$ などが，それぞれの周波数のサインやコサインが，元の複雑な波にどれくらい含まれているのかを示す値です。この値を「**フーリエ係数**」といいます。

ふーりえけいすう……。

この値を求めることが，波を分解する**かぎ**なわけです。
フーリエ係数の値を求める数学上の操作のことを「**フーリエ変換**」とよびます。そして，フーリエ係数を求めることなどから，もとの複雑な波の特徴を調べたり，分析したりする数学の分野を「**フーリエ解析**」とよびます。

それがフーリエ解析なんですね。

ま，むずかしい言葉を使って説明してきましたが，簡単にフーリエ解析をまとめると，**複雑な波の中に，どの周波数のサインやコサインがどれくらい含まれているのかを求めて，波の特徴をとらえる操作といえるでしょうね。**

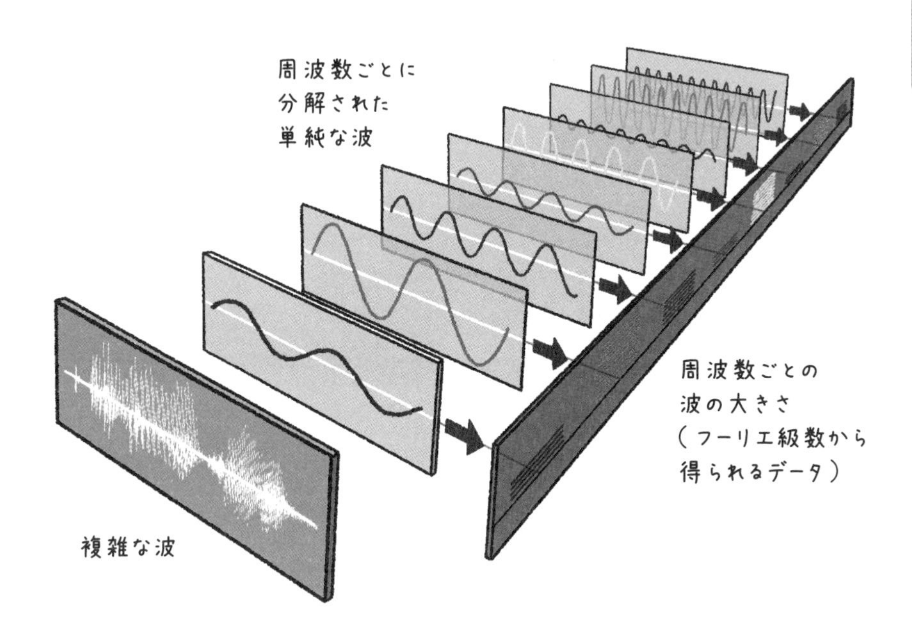

うーん，むずかしくて，**ぼんやりとしかわかりませんでした。**

はい，それで十分です！
具体的にどうやってフーリエ係数を求めるのかは，もう説明しませんが，その際に**三角関数が大活躍**するわけなんです。

サインとコサインが私たちの暮らしを支えている

あまりしっかりと理解できたわけではありませんが，フーリエ解析が複雑な波の**成分**を分析する技術だということがぼんやりと理解できました。
なぜフーリエ解析は重要なんでしょうか？

それでは社会の中で，フーリエ解析がどのように利用されているのか，いくつか具体例を紹介していきましょう。

はい，お願いします。

身近な例の一つが**AMラジオ**です。

ラジオですか！
学生のころによく聞いてました。

AMラジオは，**電波**を使って音声を届けています。でも，**AMラジオのアンテナには，ラジオ放送の電波以外にもさまざまな電波が届いています。**ですから，アンテナに届いた波は，それらが合成された複雑な形になるんですね。その複雑な波をそのまま変換しても，意味のある音声にはなりません。

それじゃあ，どうやって音声を届けているんですか？

それは，送る電波に工夫がしてあるんです。
ラジオの放送局は，単に音声の情報をのせた波ではなく，その音声の波形にあわせた**搬送波**という高周波の電波を送っているんです。

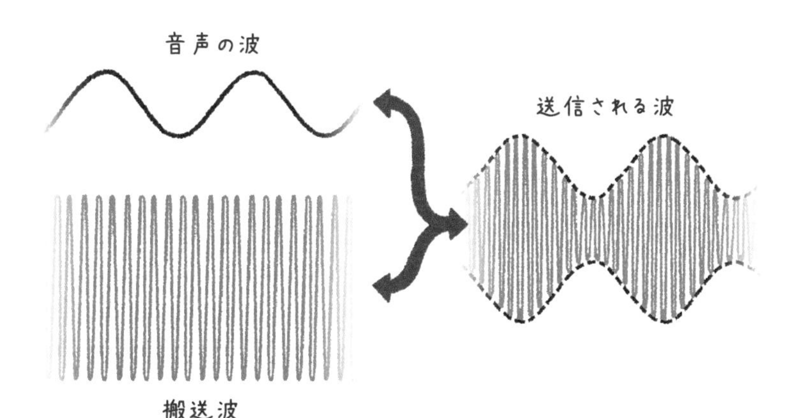

そしてラジオの受信機では，アンテナがとらえた複雑な電波を周波数ごとに分解して，搬送波の周波数の電波だけをしぼりこんで受信するんです。
そしてそこから，音声信号の波を取りだします。
アンテナに届いた電波から，搬送波の周波数の電波だけを取り出す技術に，フーリエ解析が欠かせません。

なるほど！　これはラジオの話だけなんでしょうか？

そんなことはありませんよ。
AMラジオに限らず，**FMラジオ**や，地上デジタル放送などの**テレビ放送**，そして**携帯電話の通話**や**Wi-Fiなどの無線LAN通信**まで，方式のちがいはありますが，基本原理にフーリエ解析が使われていることに変わりはありません。
電気や光の信号をあつかう工学分野において，フーリエ解析は基礎中の基礎なんです。

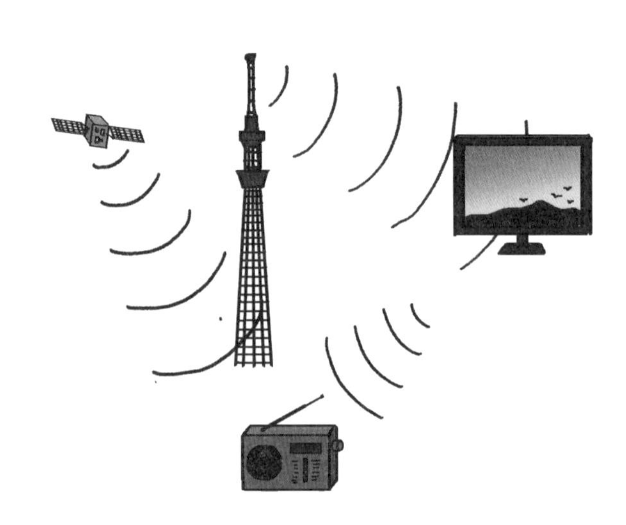

それから，最近では，**スマホやスマートスピーカー**などの機械が人間の話し言葉を聞き取る**音声認識技術**が大きく進歩しています。

あぁ，よく使っていますよ！
スマホに話しかけるだけでタイマーとか設定できて，便利なんですよ〜。

この音声認識技術も，フーリエ解析が支えています。

どういうことですか？

先ほども見たように，人の声はとても**複雑な波の形**をしているので，そのままではあつかえません。これをフーリエ変換し，周波数成分に分解することで，さまざまな情報が得られるんです。

ふむふむ。

たとえば，日本語の「あ」などの母音の波は複雑ですが，フーリエ級数であらわすと，特定の周波数に強度のピークがくることが知られています。**そのピークの組み合わせから，その音がどの母音かを読み取ることができるんです。**

私も毎日フーリエ解析の恩恵を受けていたわけですね。

地震研究や，核磁気共鳴画像法（MRI）などの医学診断のための画像復元，雑音を取り除くノイズキャンセリング・ヘッドホンなどフーリエ解析の応用例をあげればきりがないんです！
つまり，フーリエ解析の基盤となる三角関数がなければ，現代社会は成り立たないといえるでしょう！

三角関数って，今まで高校時代の苦い記憶しかありませんでしたけど，本当に私たちの生活に欠かせないものだったんですね。

そうですよ。
三角関数を見る目が変わりましたか？

はい，**三角形の辺の比から生まれた三角関数が，波にまでつながるとはビックリでした。**
これで少しはサイン，コサイン，タンジェントと仲良くなれそうです。
先生，どうもありがとうございました！

偉人伝❸

フーリエ解析に名を残す，ジョゼフ・フーリエ

ジョゼフ・フーリエは，1768年にフランス，パリの東南にあるオセールの町で生まれました。フーリエは幼くして両親を亡くし，孤児となり，地元の司教にあずけられました。そこで彼は数学に興味をもち，士官学校の講義に出て数学の勉強に没頭しました。身分的制約で軍人になる夢がかなわなかったフーリエは，士官学校卒業後，修道院に入りました。

ナポレオンのエジプト遠征に同行

1789年，フランス革命がおきました。のちにフランス皇帝に即位することとなるナポレオン・ボナパルト（1769～1821）は，エジプト遠征の際，多くの学者を連れて行き，フーリエも同行させました。このエジプト遠征で，フランス軍はロゼッタ・ストーンを発見しました。

帰国後，フーリエは少年，ジャン＝フランソワ・シャンポリオン（1790～1832）にロゼッタ・ストーンの写しを見せました。少年はその日，謎の象形文字ヒエログリフの解読を決意し，やがてヒエログリフの解読に成功しました。

さまざまな分野に影響をあたえた熱伝導の研究

ナポレオンは，フーリエの行政的手腕をみこみ，フーリエをフランス，イゼール県の知事に任命しました。フーリエは，知事としての仕事の合間にも数学や物理の研究をつづけました。とくにフーリエは固体の中での熱伝導について熱心に研究をしました。フーリエはその結果を「熱の解析理論」とし

てまとめ，フランス学士院へ提出してみごと1812年のグランプリ（大賞）論文に選ばれました。

フーリエが熱伝導の研究の中で考えだした「熱伝導方程式」とよばれる方程式は，さまざまな分野に影響をあたえました。また，彼は熱伝導の研究の過程で，「われわれは任意の関数を，三角関数を項とする級数であらわすことができる」と結論づけました。このような級数を「フーリエ級数」とよびます。現在では，このフーリエの考えは拡張され，「任意の振動をさまざまな高周波振動の和としてあらわすことができる」ことが知られています。

またフーリエは，地球の大気によって気温が高く保たれる，今日「温室効果」として知られる現象をはじめて論じた人物でもあります。

三角関数の重要公式集

直角三角形による定義

$$\sin\theta = \frac{\text{対辺}}{\text{斜辺}} = \frac{AC}{AB}$$

$$\cos\theta = \frac{\text{隣辺}}{\text{斜辺}} = \frac{BC}{AB}$$

$$\tan\theta = \frac{\text{対辺}}{\text{隣辺}} = \frac{AC}{BC}$$

A
斜辺
対辺
θ
B
隣辺
C

単位円による定義

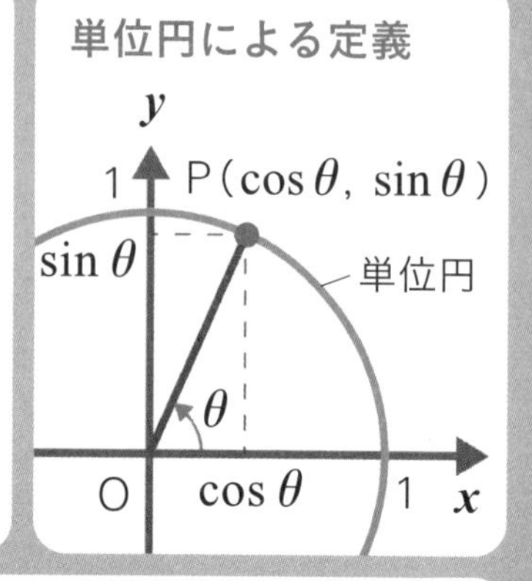

三角形の面積

$$S = \frac{1}{2}bc\sin A = \frac{1}{2}ac\sin B = \frac{1}{2}ab\sin C$$

A
c
b
面積S
B
a
C

三角関数の値と角度

$\sin\theta = \cos(90° - \theta)$
$\cos\theta = \sin(90° - \theta)$
$\sin(180° - \theta) = \sin\theta$
$\cos(180° - \theta) = -\cos\theta$
$\sin(-\theta) = -\sin\theta$
$\cos(-\theta) = \cos\theta$

サイン，コサイン，タンジェントの関係

$$\tan\theta = \frac{\sin\theta}{\cos\theta} \qquad \sin^2\theta + \cos^2\theta = 1$$

正弦定理

$$\frac{a}{\sin A} = \frac{b}{\sin B} = \frac{c}{\sin C}$$

余弦定理

$a^2 = b^2 + c^2 - 2bc\cos A$
$b^2 = a^2 + c^2 - 2ac\cos B$
$c^2 = a^2 + b^2 - 2ab\cos C$

加法定理

$\sin(\alpha+\beta) = \sin\alpha\cos\beta + \cos\alpha\sin\beta$
$\sin(\alpha-\beta) = \sin\alpha\cos\beta - \cos\alpha\sin\beta$
$\cos(\alpha+\beta) = \cos\alpha\cos\beta - \sin\alpha\sin\beta$
$\cos(\alpha-\beta) = \cos\alpha\cos\beta + \sin\alpha\sin\beta$

$$\tan(\alpha+\beta) = \frac{\tan\alpha + \tan\beta}{1 - \tan\alpha\tan\beta}$$

$$\tan(\alpha-\beta) = \frac{\tan\alpha - \tan\beta}{1 + \tan\alpha\tan\beta}$$

三角関数の表

角度	sin	cos	tan
0°	0.0000	1.0000	0.0000
1°	0.0175	0.9998	0.0175
2°	0.0349	0.9994	0.0349
3°	0.0523	0.9986	0.0524
4°	0.0698	0.9976	0.0699
5°	0.0872	0.9962	0.0875
6°	0.1045	0.9945	0.1051
7°	0.1219	0.9925	0.1228
8°	0.1392	0.9903	0.1405
9°	0.1564	0.9877	0.1584
10°	0.1736	0.9848	0.1763
11°	0.1908	0.9816	0.1944
12°	0.2079	0.9781	0.2126
13°	0.2250	0.9744	0.2309
14°	0.2419	0.9703	0.2493
15°	0.2588	0.9659	0.2679
16°	0.2756	0.9613	0.2867
17°	0.2924	0.9563	0.3057
18°	0.3090	0.9511	0.3249
19°	0.3256	0.9455	0.3443
20°	0.3420	0.9397	0.3640
21°	0.3584	0.9336	0.3839
22°	0.3746	0.9272	0.4040
23°	0.3907	0.9205	0.4245
24°	0.4067	0.9135	0.4452
25°	0.4226	0.9063	0.4663
26°	0.4384	0.8988	0.4877
27°	0.4540	0.8910	0.5095
28°	0.4695	0.8829	0.5317
29°	0.4848	0.8746	0.5543
30°	0.5000	0.8660	0.5774
31°	0.5150	0.8572	0.6009
32°	0.5299	0.8480	0.6249
33°	0.5446	0.8387	0.6494
34°	0.5592	0.8290	0.6745
35°	0.5736	0.8192	0.7002
36°	0.5878	0.8090	0.7265
37°	0.6018	0.7986	0.7536
38°	0.6157	0.7880	0.7813
39°	0.6293	0.7771	0.8098
40°	0.6428	0.7660	0.8391
41°	0.6561	0.7547	0.8693
42°	0.6691	0.7431	0.9004
43°	0.6820	0.7314	0.9325
44°	0.6947	0.7193	0.9657
45°	0.7071	0.7071	1.0000

角度	sin	cos	tan
46°	0.7193	0.6947	1.0355
47°	0.7314	0.6820	1.0724
48°	0.7431	0.6691	1.1106
49°	0.7547	0.6561	1.1504
50°	0.7660	0.6428	1.1918
51°	0.7771	0.6293	1.2349
52°	0.7880	0.6157	1.2799
53°	0.7986	0.6018	1.3270
54°	0.8090	0.5878	1.3764
55°	0.8192	0.5736	1.4281
56°	0.8290	0.5592	1.4826
57°	0.8387	0.5446	1.5399
58°	0.8480	0.5299	1.6003
59°	0.8572	0.5150	1.6643
60°	0.8660	0.5000	1.7321
61°	0.8746	0.4848	1.8040
62°	0.8829	0.4695	1.8807
63°	0.8910	0.4540	1.9626
64°	0.8988	0.4384	2.0503
65°	0.9063	0.4226	2.1445
66°	0.9135	0.4067	2.2460
67°	0.9205	0.3907	2.3559
68°	0.9272	0.3746	2.4751
69°	0.9336	0.3584	2.6051
70°	0.9397	0.3420	2.7475
71°	0.9455	0.3256	2.9042
72°	0.9511	0.3090	3.0777
73°	0.9563	0.2924	3.2709
74°	0.9613	0.2756	3.4874
75°	0.9659	0.2588	3.7321
76°	0.9703	0.2419	4.0108
77°	0.9744	0.2250	4.3315
78°	0.9781	0.2079	4.7046
79°	0.9816	0.1908	5.1446
80°	0.9848	0.1736	5.6713
81°	0.9877	0.1564	6.3138
82°	0.9903	0.1392	7.1154
83°	0.9925	0.1219	8.1443
84°	0.9945	0.1045	9.5144
85°	0.9962	0.0872	11.4301
86°	0.9976	0.0698	14.3007
87°	0.9986	0.0523	19.0811
88°	0.9994	0.0349	28.6363
89°	0.9998	0.0175	57.2900
90°	1.0000	0.0000	/

索引

た

は

ま

や

ら

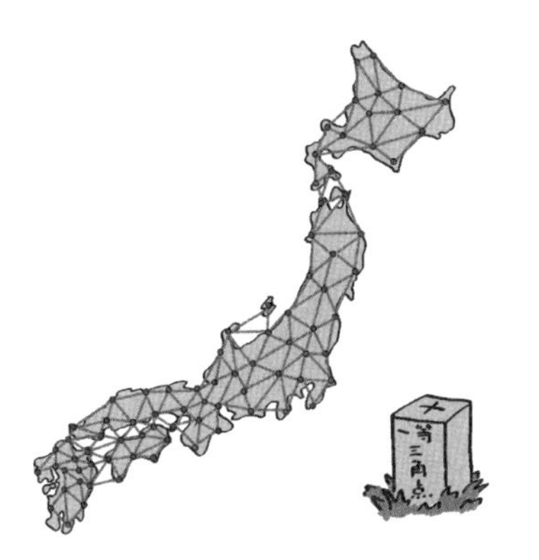

シリーズ第3弾!!

東京大学の先生伝授

文系のための めっちゃやさしい

対数

2021年2月上旬発売予定　A5判・304ページ　本体1500円＋税

2を何回くりかえしかけ算すると，8になるでしょうか？　答えは3回です。「対数」とは，このように，かけ算をくりかえす回数をあらわすものです。とっつきづらい対数の考え方に高校生のころに苦しめられた人も多くいることでしょう。

対数は，計算を簡単にする“魔法の道具”として，16世紀の大航海時代に生まれました。GPSなどなかった当時，船の正確な位置を知るためには，複雑で膨大な計算が必要でした。そこで，そのような計算を簡単にするために，対数が考えだされたのです。

本書では，対数が誕生した歴史や，対数の考え方を生徒と先生の対話を通して，やさしく紹介します。対数を利用した「計算尺」や「対数表」を使って計算を行うことで，対数の魔法をきっと実感できるはずです。どうぞご期待ください。

主な内容

ドでかい数をあつかうときの便利道具

指数と対数って何?
爆発的な増加をグラフにしてみよう!

指数と表裏一体の「対数」

身近にあふれる「かけ算の回数」
計算をラクにするために生まれた対数

もっと指数と対数にくわしくなる

指数の計算をマスターしよう!
対数の計算をマスターしよう!

特別な数「e」の不思議

eはこうしてみつかった
世界でもっとも美しい数式

log

Staff

Editorial Management　木村直之
Editorial Staff　井上達彦
Writer　加藤まどみ
Cover Design　岩本陽一

Illustration

表紙カバー	松井久美
表紙	松井久美
生徒と先生	松井久美
4~7	松井久美
8	Newton Press
9	Newton Press，松井久美
10~13	松井久美
14~17	Newton Press
18	松井久美
19	Newton Press，松井久美
20	松井久美
21~31	Newton Press
33~34	松井久美
35	Newton Press
36~41	松井久美
45	松井久美
47~50	松井久美
51~52	Newton Press
53~54	松井久美
56~58	Newton Press
59	松井久美
61~63	Newton Press
66~67	Newton Press
70	Newton Press
72~	松井久美
79~81	Newton Press
82	松井久美
83	Newton Press
84	Newton Press，松井久美
86~90	Newton Press
92~95	松井久美
97	松井久美
99~101	Newton Press
102~103	松井久美
104	松井久美
105~111	Newton Press
112	Newton Press，松井久美
114	松井久美
117~123	Newton Press
125	松井久美
127~143	Newton Press
146	松井久美
148~149	Newton Press
150	Newton Press，松井久美
152~159	松井久美
162~164	Newton Press
165	松井久美
166~168	Newton Press
170	松井久美
172~180	Newton Press
182	松井久美
183	Newton Press
190~201	松井久美
206~209	Newton Press
212	松井久美
213	Newton Press
215	松井久美
218~241	Newton Press
244~252	松井久美
254~255	Newton Press
256~265	松井久美
266~273	Newton Press
274	松井久美
276	Newton Press
277	松井久美
278	Newton Press
281~285	松井久美
289~291	松井久美
292	Newton Press
295	松井久美
297	松井久美
298	Newton Press
294	松井久美
300~301	Newton Press，松井久美
303	Newton Press

監修（敬称略）：
山本昌宏（東京大学大学院教授）

東京大学の先生伝授
文系のための めっちゃやさしい
三角関数

2021年1月25日発行

発行人　高森康雄
編集人　木村直之
発行所　株式会社 ニュートンプレス　〒112-0012 東京都文京区大塚3-11-6
https://www.newtonpress.co.jp/

ISBN978-4-315-52324-9